누구나 이해하는
에너지 특강

누구나 이해하는
에너지 특강

2024년 9월 30일 초판 인쇄
2024년 10월 7일 초판 발행

저   자 : 이준범
펴낸이 : 신동설
펴낸곳 : 도서출판 청미디어
신고번호 : 제2020-000017호
신고연월일 : 2001년 8월 1일
주   소 : 경기 하남시 조정대로 150, 508호 (덕풍동, 아이테코)
전   화 : (031)792-6404, 6605
팩   스 : (031)790-0775
E-mail : sds1557@hanmail.net
편   집 : 신재은
디자인 : 정인숙
표   지 : 여혜영
교   정 : 계영애
지   원 : 박흥배
마케팅 : 박경인

정가 : 18,000원
ISBN : 919-11-87861-69-0(13400)

**이 도서는 2024년 문화체육관광부의 '중소출판사 성장부문 제작 지원'
사업의 지원을 받아 제작되었습니다.**

누구나 이해하는

에너지 특강

이 준 범 지음

정신이 살아있는 출판

청미디어
CHEONG MEDIA

값진 질문에 답하는 에너지 이야기

'에너지' 또는 요즘 많이 언급되는 '에너지 전환' 하면 기술과 경제를 논하는 전문 이론을 떠올리게 되거나 거대 담론을 생각하기 마련이지만 이 책에서는 에너지를 아주 쉽고 평이하게 서술하였다. 최근 외국 학계에서는 에너지 전환을 인문학적 관점에서 접근하려는 노력들이 활발히 이뤄지고 있다.

즉 에너지 전환은 단순히 기술과 경제 문제뿐 아니라 '인간의 삶을 어떻게 영위해야 하는가?'의 접근 방법 측면에서 문학, 사학, 철학과 같은 정통 인문학이 에너지 연구에 뛰어들었다. 그 결과 이 분야에 많은 연구 성과가 축적되었고, 필자는 이의 도움을 받아 독자들로 하여금 에너지를 이해하는 폭을 넓히고 깊이 있게 알 수 있도록 집필하였다.

이 책은 크게 다섯 부분으로 구성되어 있다.

먼저 에너지가 무엇이고 어떻게 탄생했으며 이를 이해하려는 인류의 노력이 지난 2천 년간 어떻게 진행되어 왔는지를 제1장에서 살펴보았다. 그 다음부터는 인류가 문명 발전의 도구로 사용해 온 에너지원들을 역사적 순서에 따라 정리했다.

즉 인력과 축력의 이용에서 출발한 에너지는 약 2천 년 전부터 물레방아와 풍차를 활용하여 수력, 풍력 에너지를 만들어 사용하기 시작했고, 그 후 석탄과 석유로 이행되는 과정을 거쳤다. 이 전환 과정을 세 장에 걸쳐 서술했다. 그리고 마지막 장에서는 기후변화에 대응하려는 새로운 에너지원과 미래의 에너지를 전망하면서 인류가 어떻게 대응할 것인가를 기술했다.

'에너지 Energy' 이 단어는 말로 표현할 수 없을 만큼 중요하다는 것은 누구나 공감할 것이다. 그래서 에너지를 '피'(lifeblood)에 비유한다. 피는 인간에게 생명과 같은 존재인데, 이 말은 에너지가 인간의 삶과 죽음을 가름할 수 있을 만큼 중요한 것임을 의미한다.

흥미로운 점은 우리나라가 산업화에 매진하던 시절 강철을 '산업의 쌀'이라고 했는데, 정보화 시대에 진입한 오늘날 반도체를 '산업의 쌀'로 칭하고 있다. 하지만, "인간에게 피와 같이 소중한 것이

에너지다"라는 표현은 아직 변함이 없다.

오늘날 에너지는 기후변화라는 심각한 도전에 직면하고 있다. 공기 중 이산화탄소 배출량 증가로 인해 지구기온이 온실(green house)처럼 상승하여 기상이변이 속출하는 현상이 벌어지고 있다.

이 같은 기후변화는 기후위기, 기후 재난 심지어 '기후비상사태' 라는 심각한 용어로 표현되고 있다. 이상기후를 점점 더 많이 겪으면서 우려의 목소리와 이를 중지시키려는 노력 역시 더 커지고 있는 것이 현실이다.

그렇다면 기후 변화의 원인이 무엇일까?
흔히들 이산화탄소를 많이 배출하는 원인으로 석탄·석유 같은 화석연료가 지목되고 있지만 그 외에도 소·돼지와 같은 가축도 온실가스를 많이 배출함을 주목해야 한다.

그래서, 덴마크는 2030년부터 축산농가에 환경세 부과 방안을 추진할 예정이며 그 외에도 "이산화탄소가 배출되지 않는 에너지로 전환해 지구 온난화와 기상이변을 더 이상 악화시키지 말자"는 인류의 노력이 다각도로 벌어지고 있다. 다시 말해 우리는 '에너지 전환'이라는 큰 변화에 직면하고 있는 중이다.

이 같은 '에너지 전환'은 인류 역사에서 여러 번 거쳐왔다. 즉, 에너지 전환은 오늘날 인류가 처음 접하는 큰 과제임에는 틀림없지만 역사적 관점에서 보면 전혀 새로운 것이 아니다. 이런 역사적 사실의 논리적 연장선상에서 "현대인은 에너지를 왜 이해해야 하는가"에 대한 해답을 이 책에서 찾을 수 있을 것이다.

우리는 에너지 없이는 하루도 살 수 없는 에너지의 노예인 동시에 에너지를 잘 다루는 에너지 지배자의 위치에 있다. 즉, 석유, 석탄, 천연가스와 같은 화석 연료는 물론이고 수력, 풍력, 태양광과 같은 재생에너지 그리고 원자력 등 다양한 에너지원을 개발해서 사용하고 있지만, 이 에너지로부터 자유롭지 못 한 것 또한 사실이다.

이런 양면적인 속성을 지닌 에너지원들을 누가, 언제, 어디서, 왜 사용하기 시작했고 어떻게 수용하였는지에 관해 이 책은 풀어내려고 한다. 여기에는 우리에게 잘 알려지지 않았지만 매우 흥미로우면서 시사하는 바가 큰 스토리들이 있기에 일독할 가치가 있다고 감히 말하고 싶다.

에너지를 연구하고 에너지 현장에 종사하고 있는 필자는 강연과 강의를 할 수 있는 기회가 참 많았다. 에너지를 알고 싶어 하는 중·고생부터 에너지 관련 산업에 종사하는 전문직들, 에너지 사업자, 에너지 관련 주식 투자자 그리고 에너지정책 참여자들까지 실로 많은 분야의 인사들과의 만남과 강의를 통해 다양한 질문을 접했다.

이 질문은 매우 기초적인 것부터 대답하기 난해한 것에 이르기까지 매우 광범위하고 소중했고, 필자에게는 너무나 중요한 강의 방향을 제시해줬다. 이 책은 바로 이들의 질문에 의해 쓰게 되었다.

독자들도 공감하겠지만, 현재의 에너지 문제를 해결한다는 것은 미래의 에너지를 결정하는 것이다. 특정 에너지를 선택하면 수많은 변화들이 따라오게 되어 이 선택을 다시 변경하는 것이 쉽지 않다.

실례로 난방을 연탄에서 천연가스로 바꾸면, 집 구조를 바꿔 놓기에 다시 연탄으로 되돌아가는 것은 거의 불가능하다. 이런 단편적인 실례에서도 알 수 있듯이 에너지 전환 과정을 살펴보고 이해하는 것은 단순한 지적 호기심을 넘어 우리네 에너지를 합리적이고 최선으로 선택하여 후회하지 않기 위해 꼭 필요한 일이다.

이 책은 바로 이런 선택에 도움이 되기를 바라는 마음으로 썼다. 따라서 이 책은 그 동안 필자에게 값진 질문을 해준 모든 분들

과 함께 만들어졌다고 할 수 있으며, 동시에 에너지의 폭넓은 이해
서가 될 것이라고 믿는다. 그래서 부족한 저의 강의를 충실하게 이
해하기 위해 많은 질문을 해주신 여러분들에게 먼저 감사드린다.

이들의 질문 하나하나는 필자에게 자극제가 되어, 필자가 무엇을
더 공부하여 어떤 책을 써야 하는 지를 분명하게 깨우쳐 주었기에 감
사드리지 않을 수 없다. 모든 분이 저의 스승이었음을 고백한다.

필자의 졸고를 흔쾌히 출판해주신 도서출판 청미디어 신동설
사장님께도 깊은 감사를 드린다. 또한 일일이 거명하기 어렵지만,
필자에게 이 책을 쓰도록 음양으로 격려해 주고 도와주신 많은 분
에게 고마움의 마음을 전한다.

2024년 7월 무더위에 에너지를 소비하면서

이 준 범

목차

Ⅲ. 석탄 이야기

Ⅳ. 석유 이야기

Ⅴ. 미래 에너지 이야기

I. 에너지 이야기

인류는 이 지구상에 존재하면서부터 에너지를 사용해왔다. 그런데, 에너지는 인류의 존재 여부와는 아무 상관없이 그 이전에도 지구 상에 존재했었다. 어쩌면 에너지는 인간을 필요치 않을 수 있지만, 우리 인류는 한순간이라도 에너지를 사용하지 않고는 살아갈 수 없다. 아침에 잠자리에서 눈을 뜨는 순간부터 에너지 소비는 시작된다. 아침 식사를 위해 음식을 준비하고, 이동을 위해 교통편을 이용하며, 일을 하기 위해 각종 집기와 기계류를 사용하거나, 일을 잠시 멈추고 휴식을 취하는 동안에도 에너지를 사용한다. 집에 와서는 편안한 휴식을 취하면서도 난방이나 냉방을 위해 에너지를 사용해야 하고, 심지어 잠자리에 들어서도 신체를 유지하는 신진대사를 위해서 에너지가 공급되어야 한다. 에너지 소비는 우리가 살아 있는 동안 잠시도 멈추지 않는 것이다. 우리는 삶과 긴밀한 관계를 맺고 사는 에너지를 잘 알고 있다고 생각한다. 하지만, 막상 에너지가 무엇인가라고 물으면 명쾌하게 대답하기는 쉽지 않다.

에너지라는 용어

    에너지는 우리네 일상생활에서 자주 사용하는 단어 중 하나이다. 원기, 스태미나 등 힘과 관련된 얘기를 할 때 '에너지'라는 단어를 주로 사용하기도 하고, 힘, 동력, 일과 같은 다소 공학적인 용어가 잘 생각나지 않을 때에도 '에너지'라는 말로 때우기도 한다.

    일상생활이나 언어생활에서 '에너지'는 아주 편리하게 여러 용도로 사용되는 용어이다. 이런 편리한 용어인 '에너지'가 과연 무엇인가라고 물으면 막막해진다. 이는 에너지의 정확한 의미를 모르고 써도 사용하는 데 전혀 불편함이 없기에 굳이 알 필요가 없기 때문일 것이다. 그리고 우리 생활과 너무나 가깝기에 어느 누구나 잘 알고 있을 것으로 믿고 있기 때문이기도 하다.

    반면, 에너지에 대해 한번이라도 고민해 보거나 공부한 사람이라면 이 용어가 너무 어려워 보통 사람은 제대로 알 수도 없고 단지 이 분야에 종사하는 전문가들이나 아는 용어라고 생각할 수도 있다.

    인터넷이나 사전에서 에너지라는 단어를 찾아보면 우리가 생각하는 것보다 훨씬 간단명료하게 정의되어 있다. 에너지는 '일을 할 수 있는 능력'으로 정의된다. 이는 우리만의 고유한 정의가 아니고 국제적으로 동일하게 사용되는 정의이다. 영어 사전 중에서 가장 권위 있는 브리태니커 사전도 이와 같은 정의를 싣고 있다.[1]

그리고 에너지를 전문으로 취급하는 외국 기관도 마찬가지이다. 미국 연방정부 기관인 에너지정보청(EIA)에서 제공하는 용어 사전의 정의도 이와 다르지 않다. 이런 이유로 과학계와 산업계도 이 정의를 그대로 받아들여 사용하고 있다.

'일을 할 수 있는 능력'이라는 정의는 아주 명쾌하지만 추상적이기에 쉽게 와 닿지 않을 수 있다.[2] 우리가 알고 있는 에너지는 석유, 석탄, 가스 등이다. 이런 종류의 에너지를 '1차 에너지(primary energy)' 혹은 '에너지원(energy source)'이라고 한다.

일을 할 수 있는 능력을 발휘할 수 있는 원료인 것이다. 에너지원에는 여러 종류가 있지만 인류가 사용하는 에너지 중에서 가장 비중이 큰 석유, 석탄, 천연가스, 원자력, 신재생 에너지를 5대 에너지원이라고 한다. 이를 가공하여 다양한 에너지 제품을 만든다. 휘발유, 경유, 전기, 연탄 등이 그것인데, 우리가 일상에서 사용하는 가공된 에너지원을 '2차 에너지(secondary energy)'라고 한다.

그런데, 1차 에너지, 2차 에너지가 곧 일은 아니다. 이 에너지원이 일을 하기 위해서는 기계를 이용하여 일로 전환되어야 한다. 자동차의 경우 휘발유나 경유가 엔진이라는 기계에서 연소되어야 자동차를 움직일 수 있다. 우리가 알고 있는 에너지원이 곧 일을 하는 것이 아니라 이를 일로 전환시키는 과정을 거쳐야 에너지, 즉 '일을 할 수 있는 능력'이 되는 것이다.

고대 철학이 만든 에너지

에너지라는 단어는 고대 그리스어에서 유래되었다. 그 뿌리
는 '에네르게이아(energeia)'인데, 아리스토텔레스가 그의 저서 '형
이상학(Metaphysica)'에서 이 단어를 처음 언급했다. 에네르게이아
는 '행동(act)'을 의미하는 '에르곤(ergon)'이라는 단어에서 파생되었
다. 아리스토텔레스는 자신의 철학적 논리를 펴기 위해 '행동함
(enactment)'이라는 뜻의 신조어를 만들었는데, 이것이 에네르게이
아이다.[3]

그에 의하면, 모든 사물은 어떤 목적을 향해 행동하거나 활동
하는데 그것이 바로 에네르게이아라는 것이다.[4] 아리스토텔레스
가 만든 에네르게이아는 오늘날 우리가 사용하고 있는 '에너지'와
비슷한 뉘앙스를 풍기지만 동일한 의미는 아니다. 그렇지만, 에너
지의 어원임에는 틀림없다.

고대 그리스어 에네르게이아가 영어 '에너지(energy)'로 된 것은
1800년대 초반이었다. 영국 왕립연구소(Royal Institution) 소속 교수
였던 토마스 영(Thomas Young)은 1807년 한 강의에서 '물체가 충돌

한 결과물'을 에너지라고 할 수 있다고 했다. 토마스 영이 언급한 에너지 역시 아리스토텔레스의 에네르게이아처럼 현재의 에너지 정의와는 동일하지 않다. 그가 정의한 에너지는 오늘날 '힘(force)'의 정의와 유사한데, 에너지의 한 종류인 운동 에너지(kinetic energy)를 의미했다. 단지 서양 과학이 약 2천 년간 잊고 있었던 에너지라는 단어가 다시 햇빛을 보았다는 데 의미가 있다.

에너지라는 단어가 이 시기에 영어로 부활한 것은 우연이 아니었다. 이 무렵 영국은 석탄과 증기 기관을 본격적으로 사용하면서 역사상 유례없는 산업혁명을 일으켰다. 그런데, 이 혁명의 중요 수단이었던 증기 기관은 과학자와 엔지니어들에게 큰 숙제를 안겼다. 석탄을 태워서 생긴 열이 증기 기관을 움직여 일을 할 수 있게 하는 이 현상은 이제까지 없었던 놀라운 것이었다. 즉, 혁명이었다. 문제는 이 현상을 수학적으로 계산해야 했다.

석탄을 얼마나 사용해야 증기 기관을 작동시킬 수 있고, 그렇게 작동한 증기 기관은 얼마나 많은 힘을 발휘하며, 더 나아가 어떤 크기의 기계를 움직여 물건을 만들어 낼 수 있는지를 계산해야 했다.

이는 단순히 과학적 호기심이 아니었다. 에너지 생산과 소비는 공산품 생산과 직결되었고, 이는 곧 기업 경영 등 전반적인 경제 활동을 파악하기 위해서 꼭 풀어야 했던 숙제였다. 이 현상을 담아낼 수 있는 용어가 필요했는데, 에너지라는 용어가 이 필요를 해소해 준 것이다.

　19세기 에너지 개념은 이런 현실적인 필요에 의해 논의가 활발했다. 에너지는 1842년에 발간된 브리태니커 백과사전(Encyclopaedia Britannica)에 처음 실렸다. 이 백과사전은 "에너지는 그리스어에 기원을 두고 있으며 사물의 동력, 힘 혹은 효과를 의미한다.

　그리고 비유적으로는 연설 중 강조할 부분을 표현할 때에도 사용된다."고 했다.[5] 당시의 에너지 용어 설명은 영어로 단 두 줄에 불과했고, 정의도 지금 우리가 사용하고 있는 것과는 너무나 달랐다. 하지만, 약 50년이 지난 1899년에 발간된 백과사전에서는 그 분량이 여섯 쪽이나 되었다.

　그동안 영국에서 에너지에 대한 논의와 연구가 그만큼 활발했다는 반증이다. 그렇지만, 에너지는 힘(force), 일(work), 열(heat)과 같은 용어들과 엄격한 구별 없이 혼용되고 있어서 여전히 애매했다. 이런 애매함은 열이 에너지로 전환되는 현상을 계산하는 방법이 만들어지면서 극복되었다. 영국 맨체스터에서 양조장을 소유하면서 물리현상을 취미로 연구했던 제임스 줄(James Prescott, Joule)이 1845년 이 계산 방법을 찾아냈다. 줄은 밀폐된 물통에 작은 물레방아 바퀴를 넣고, 이를 돌려 물의 온도를 올리는 실험을 수도 없이 했다.

　물과 물레방아 바퀴의 마찰로 열이 발생하고 이로 인해 수온이 올라가는 실험이었다. 줄은 기계적 운동이 열로 전환되는 것은 물론이고 이의 반대 현상, 즉 열이 운동으로 전환될 수 있다는 점을 발견하였다. 제임스 줄의 계산법은 초기에는 많은 저항에 부닥쳤지만, 이후 많은 물리학자들이 실험을 통해 사실임을 인정하였다. 20세기 초 과학계는 그의 주장을 받아들였고, 오늘날에는 '에너지 보존 법칙(conservation of energy)'으로 정립되었다. 취미 활동으로 발견된 줄의 법칙으로 일을 할 수 있는 능력, 즉 에너지를 측정할 수 있게 되면서 에너지의 의미는 명확해질 수 있었다.[6]

제임스 줄의 역할을 기념하여 오늘날 에너지를 측정하는 단위는 줄(joule)이라고 한다. 국가마다 다른 도량형 단위를 미터법으로 통일하고 있는 국제단위계(International System of Unit)는 에너지와 열을 측정하는 단위로 줄을 채택하고 있다. 줄은 J로 표시되는데, 당연히 제임스 줄의 이름에서 따왔다.

1J은 2kg의 물체를 초속 1m의 속도로 움직일 수 있는 힘을 의미한다. 최근 들어 에너지 통계에 줄이 활용되면서 제임스 줄의 업적이 구체적으로 인정되고 있다. 영국에너지협회(Institute of Energy, IE)가 2023년부터 모든 에너지원 통계를 줄로 환산하여 발표하고 있다.[7] 줄이 적용되면서 상이한 에너지원들, 그러니까 석유, 천연가스, 석탄 등을 좀 더 체계적으로 비교하고 이해할 수 있는 계기가 만들어졌다고 하겠다.

에너지를 좀더 과학적으로 이해하려는 이런 노력에도 불구하고 각 에너지원에는 여전히 관습적으로 채택된 여러 단위들이 사용되고 있다. 우리가 자동차에 휘발유를 넣을 때 줄이 아니라 리터 단위로 구입하고 있다. 이와 마찬가지로 산업 현장이나 에너지 시장에서는 석탄은 무게인 톤, 석유와 천연가스는 부피인 배럴과 세제곱미터를 주로 사용하고 있다. 이런 현실을 무시할 수 없어서인지, IE도 분야별 고유 단위를 사용하는 통계를 함께 제공하고 있다.

고대인들의 에너지 이해

에너지는 인류의 역사와 궤를 같이 한다. 인류가 처음 사용한 에너지는 불인데, 이는 인류가 직립 보행을 시작하면서부터 사용되었다. 150만 년 전에 존재했던 인류의 먼 조상 '직립 원인(homo erectus)'은 추위를 막고, 음식을 만들며, 적으로부터 자신들을 지키기 위해 불을 사용한 것으로 추정된다.

이들은 나무와 같은 식물을 이용하여 불을 피웠다. 태양 광합성을 통해 만들어져 나무에 저장된 에너지를 불을 통해 추출했던 것이다.[8] 불의 사용은 인간을 다른 동물과 구별 짓는 계기가 되었으며, 세계 곳곳에서 여러 문명을 만드는 데 결정적으로 기여했다. 하지만, 이 시기에 존재했던 인류가 그들에게 가장 중요한 에너지였던 불을 어떤 생각을 갖고 사용했는지는 제대로 알려진 것이 없다.

인류 문명이 탄생하면서, 지역마다 불에 대한 상이한 인식들이 만들어졌다. 동아시아에서는 우주 생성과 변화를 이야기하는 음양오행론(陰陽五行論)의 오행에 불이 포함되어 있고,[9] 중동에서는 조로아스터(Zoroaster)교가 불과 깊은 관계를 맺고 있었다.

배화교(拜火敎)라고 불린 조로아스터교는 기원전 10세기경 이란에서 발원했는데, 배화교라는 이름에서도 짐작할 수 있듯이 불을 숭배했다. 불은 이들에게 순수함의 핵심이었으며 진리(truth)의 상징으로 여겨졌다. 이들은 매일 다섯 차례 불을 숭배하는 의식을 가지기도 했다. 이들에게 불은 생활의 일부인 동시에 종교로서 매우 신성시되었다.[10]

그리스 문명에서는 인간이 어떻게 해서 불을 사용하게 되었고, 불의 근원이 무엇인지에 대해 얘기하였다. 고대 그리스인들은 인간이 불을 사용하게 된 경위를 프로메테우스(Prometheus) 신화에 서술하였다.

신화에 의하면, 인간을 만든 프로메테우스는 불을 인간에게도 나눠주자고 제우스신에게 요청했다. 하지만, 제우스는 신들만이 불을 가질 수 있다면서 프로메테우스의 청을 거절하였다. 이에 프로메테우스는 제우스 몰래 대장간에서 불을 훔쳐 인간들에게 전해줬고, 이후 불을 이용할 수 있게 된 인간들은 문명을 발전시킬 수 있었다는 것이다.

프로메테우스는 불을 훔친 죄로 바위산에 쇠사슬로 묶여 독수리에게 간을 쪼아 먹히는 형벌을 받았는데, 인간에게 불을 전해준 대가로 영원히 고통을 감내해야 했다. 하지만, 프로메테우스는 이로 인해 인간으로부터 '불의 신(God of Fire)'으로 추앙받게 되었다.

고대 그리스에서는 신화와 더불어 불을 좀 더 깊이 있게 이해하려는 자연 철학적 노력도 있었다. 고대 그리스 철학자들은 자연 현상을 이해하고, 세상에 존재했던 모든 물질(matter)을 쉽고 단순하게 설명하기 위해 4가지 원소(element)를 고안했다.

흙(earth), 공기, 물, 그리고 불(fire)이 바로 그것들이다. 고대 그리스인에게 4대 원소는 사물(thing)의 존재 그 자체일 뿐만 아니라 여러 사물을 만들고 이들을 변화시키는 자연 현상의 뿌리로 여겨졌다. 즉, 이들은 4대 원소들이 결합하고 분리하는 과정을 거치면서 세상의 모든 물질이 만들어질 뿐만 아니라, 이해하기 어려운 자연 현상도 발생한다고 믿었다. 하지만, 이들에게는 오늘날과 같은 에너지라는 개념은 여전히 없었다.

4대 원소론이 정립된 곳은 기원전 5세기 아테네였다. 이 시기 아테네는 '황금기(Golden Age)'였다. 상업을 통해 국력이 신장된 아테네는 그리스 도시 국가 연맹체인 델로스(Delos) 동맹의 맹주가 되었고, 내부적으로는 페리클레스(Pericles)라는 정치 지도자가 등장하여 민주주의를 꽃피우는 등 정치적, 경제적, 문화적으로 번창하던 시기였다. 이 무렵 자연 현상의 본질에 관한 논쟁도 활발했다. 철학자들마다 자연 현상의 뿌리로 수많은 원소들을 제각각 주장했지만, 불을 처음 주장한 이는 헤라클레이토스(Heracleitos)였다.

그는 불이 모든 사물의 근원이며, 불에 의해 모든 것이 만들어진다고 주장했다. 여러 원소들이 등장하면서, 당시 원소 논쟁은 혼란스러워 보이기까지 했지만, 철학자 엠페도클레스(Empedocles)가 4대 원소를 자연의 근원으로 정리하였다. 엠페도클레스는 이들 원소의 결합과 조화 그리고 분리와 파괴에 의해 자연 현상이 만들 어지거나 사라지는 것으로 보았다.

세상이 4대 원소로 이뤄졌다는 주장이 정립되었지만, 불은 고 대 그리스인들이 이해하기 쉽지 않은 기묘한 존재였다. 아리스토 텔레스는 4대 원소의 각 성질(quality)을 언급하면서, 불은 따뜻함과 건조함을 동시에 갖고 있다고 주장했다. 그는 따뜻함은 사물을 분 리시키는 힘이 있고, 건조함은 자신의 형상(form)을 스스로 결정짓 는 힘이 있으므로, 이런 두 특징을 동시에 갖고 있는 불은 다른 원 소들과는 달리 변화를 일으키는 1차 동인(agent)이라고 했다.

아마도 아리스토텔레스는 대장간이나 부엌 그리고 연금술에서 사용되는 불을 보고 이런 주장을 했을 것으로 추정된다. 즉, 대장 간에서 쇠의 형태를 바꾸고, 부엌에서 조리를 통해 식재료를 음식 으로 변화시키고, 연금술사들이 금속의 성질을 변형시키는 데는 모두 불이 사용되었다.

그는 이런 현상에 자신의 철학적인 주장을 입힌 것이다. 원자 (atom)를 주장한 데모크리토스(Democritus)는 불을 제외한 다른 원소 들은 서로 혼합되어 만져볼 수 있는 물질로 변하지만, 불은 다른 물질과 혼합되지 않는다고 주장했다. 이 외에도 어떤 철학자는 태 양과 화산 용암을 염두에 두고는 불은 가장 고귀한 힘인 동시에

가장 비천한 힘이라는 주장도 내놓았다.[11]

흥미롭게도 고대 그리스 철학자들은 4대 원소를 색깔과 연결시켰다. 엠페도클레스는 당시 화가들이 주로 사용하던 색깔인 백색, 흑색, 적색, 황색을 4원색(primary color)으로 제시하면서, 불을 붉은 색과 연결시켰다. 이에 비해 어떤 철학자는 노란색을 불의 상징이라고 주장하기도 했지만 기원 2세기 무렵에 붉은색으로 정착되었다.

색깔과 원소를 연결 짓는 사상은 고대 그리스 이후 잊혀졌다가, 고대 그리스 철학의 가치를 다시 발견한 르네상스 시기에 부활하였다. 15세기 이탈리아 철학자 레온 바티스타 알베르티(Leon Battista Alberti)가 이를 다시 끄집어냈는데, 레오나르도 다빈치(Leonardo da Vinci) 역시 붉은색으로 불을 표현했다. 오늘날 우리 주변에서 불이 붉은색으로 표현된 전통은 이미 고대 그리스에서부터 시작되었다.

고대 그리스 철학이 보여준 불에 대한 인식은 오늘날의 그것과는 완전히 다르다. 오늘날 불은 연소 과정에서 산소, 수소, 탄소 등 여러 분자(molecule)와 분자 파편들로 만들어진 플라스마(plasma) 현상이며 물질은 아닌 것으로 이해되고 있다. 고대 그리스 철학자들의 주장과는 달리, 불은 원소가 아니다.

그리고 고대 그리스 철학자들이 제시한 4대 원소 중 흙, 물, 공기는 오늘날 고체, 액체, 기체의 개념을 탄생시킨 원류로 이해되고 있지만, 불은 그렇지 않다. 그리스 철학자들은 불을 이해하려는 노력을 하였지만, 오늘날 기준으로 보면 전혀 과학적이지 않아 보인다. 이들의 불에 대한 이해는 오늘날과 같은 다양하고 수없이 반복된 실험으로 증명된 것이 아니라 상상을 통한 창의적 경험을 바탕으로 하고 있었기 때문이다.

근대의 수 많은 에너지 이해

　　서양 사회가 중세로 넘어오면서 고대 그리스 과학 철학이 실종된 것과 마찬가지로, 아리스토텔레스의 에네르게이아와 불에 대한 인식도 희미해졌다. 중세 신학은 자연을 수동적인 것으로 간주하고, 오직 신(God)만이 우주에서 일어나는 모든 운동(motion)을 주관한다고 믿었다.[12]

　　아리스토텔레스 철학은 중세 신학에서 광범위하게 받아들여졌지만, 그의 에네르게이아론은 신의 역할과 충돌하기에 수용될 수 없었다. 즉, 아리스토텔레스는 존재하는 모든 것에는 에네르게이아가 있고, 스스로 목적을 갖고 있으며, 자연 속에서 조화를 이룬다고 주장했는데, 이는 신의 역할과 공존할 수 있는 주장은 아니었다.

　　불의 경우, 고대 그리스 철학자들은 변화를 불러오는 것으로 이해했다. 그런데 종교가 지배했던 중세에서 변화를 일으키는 원천은 신이었다. 에네르게이아와 불은 적극적인 성격을 내포하고 있어 중세 신학에서는 받아들이기 어려웠다.

르네상스가 시작된 뒤에도 신 중심의 사고는 완전히 사라지지 않았지만, 16세기 후반 유럽 여기저기에서 종교 전쟁을 치르면서 신 중심의 사고에도 변화가 있었다. 르네상스를 통해 고대 그리스 철학이 다시 소개되고, 자연의 운동 현상에 대한 과학적 사고의 싹이 트면서, 불에 대한 관심도 부활하였다. 이런 움직임은 영국에서 두드러졌다.

16세기 영국은 로마 교회와 결별하면서 과거와는 다른 사회 분위기가 만들어졌다. 국왕 헨리 8세는 이혼 문제로 로마 교회와 대립한 끝에 1534년에 로마 교회로부터 영국 교회를 분리하여 성공회를 만들었다. 로마 교회의 영향력이 약화된 영국에서는 과학적 상상력이 발휘되고 에너지에 관심을 기울일 수 있는 토양이 형성되었다. 1664년 뉴턴이 만유인력을 얘기할 수 있었던 것도 이런 변화와 전혀 무관하다고 할 수 없을 것이다.

이런 사회적 분위기의 영향으로 영국에서는 에너지에 대한 원초적 사고가 시작되었다. 뉴턴이 생존했던 17세기, 생리학(physiology)이 불에 대한 새로운 시각을 제시하는 선구적 역할을 수행했다. 생리학은 생물의 기능과 역할을 연구하는 생물학의 한 분야인데, 의사들이 이 분야에 대한 이해가 깊었다.

의사들은 인간의 생리활동을 이해하려는 목적으로 불의 연소와 동식물의 호흡을 주로 연구하였다. 이들은 동물과 식물을 대상으로 수많은 실험을 하면서 불이 생명체의 존재와 영양 공급 심지어 지적 능력에 중요할 뿐만 아니라 이 과정을 결정하는 요인이라는 점을 발견하였다.

그전까지 불을 피우는 원료였던 식물은 단순히 신의 창조물인 자연의 일부로서 그 동안 관심을 끌지 못했다. 하지만, 의사들은 식물이 토양과 공기 그리고 햇빛을 흡수하여 성장하며, 이 식물이 먹이로 이용됨으로써 다른 유기체가 생명을 유지한다는 점을 밝혀냈다. 오늘날 용어로 표현하면 먹이 사슬 구조를 밝혀낸 것인데, 에너지와 관련하여 식물은 결국 햇빛 에너지를 보관하는 일종의 '에너지 저장고'로 규명되었다.

18세기 초 독일에서도 불을 물질로 이해하려는 시도가 있었다. 오늘날에는 아주 생소한 '플로지스톤(phlogiston)'이라는 개념이 등장하였다. '불 물질(matter of fire)'을 의미하는 플로지스톤은 석탄, 알코올, 나무 등과 같이 불에 타는 모든 물질에 고농축되어 있다고 믿었다.

플로지스톤은 무게를 측정할 수 없지만, 다른 물질과 쉽게 결합하고 분해할 수 있고 불에 타는 모든 물질에 농축되어 화학 반응을 일으킨다고 보았다. 플로지스톤은 영국과 프랑스 등의 의대와 화학 교육 과정에서 광범위하게 가르쳐졌는데, 산소가 물질 연소를 가능하게 한다는 사실이 밝혀지기 전까지 불은 플로지스톤으로 이해되었다.

에너지를 이해하려는 노력들이 다양하게 펼쳐지면서 플로지스

톤과 같은 엉뚱한 개념이 등장하기도 했지만, 영국에서는 일(work)
을 새롭게 이해하는 성과가 있었다. 이 시기 자연으로부터 동력
내지 에너지를 생산하는 가장 보편적인 방식은 수차와 풍차였다.

그런데, 1759년 영국의 한 엔지니어가 수차의 구조에 따라 동
력을 생산하는 효율이 다르다는 점을 발견하였다. 이 엔지니어는
'일'을 '주어진 시간에 일정한 무게를 들어 올리는 능력'으로 정의하
면서, 수차 바퀴를 흐르는 물에 담가 놓고 돌리는 방식보다 떨어지
는 물로 바퀴를 돌리는 방식이 더 효율적이라는 사실을 밝혀냈다.

일에 대한 새로운 개념이 정의되면서 일을 하는 방법들을 비교
할 수 있게 되었다. 당시 일은 주로 인력, 축력, 수차, 풍차에 의해
수행되었다. 이런 비교를 통해 효율적으로 일을 하는 방법을 쉽게
선택할 수 있게 되었고, 이는 에너지의 합리적 선택이 경제성의
향상 그리고 더 나아가 경제 성장으로 연결되는 결과를 낳을 수
있다는 점을 의미했다.

18세기가 되면 에너지 논의는 과학의 영역에만 머무르지 않고
정치와 경제의 영역으로 확대될 만큼 주요 관심의 대상이 되었다.
프랑스 중농주의자들이 정치와 경제적 목적을 위해 에너지 논의
에 먼저 뛰어들었다. 이들은 에너지를 생리학적으로 이해하려 했
던 전통을 이어받았는데, 농업이 부를 창출하는 근원이라고 믿었
던 중농주의자들은 불이 장작과 같은 식물로 만들어지기에 농산
물과 같은 식물에 초점을 맞췄다.

18세기 후반 이들은 땅과 공중의 여러 화학 물질들이 결합하여 식물을 만든다고 봤다. 햇빛으로 성장한 식물은 불이 되고 동물의 먹이가 되며 이것들이 종국에는 다시 땅으로 돌아가 분해되는 과정을 거친다고 주장했다. 따라서 경제적으로는 식물을 생산하는 농업이 제조업보다 더 중요한 것으로 믿었다.

　중농주의자들의 주장은 세금을 걷어들이는 조세 정책으로 연결되었다. 17세기 후반과 18세기 전반, 프랑스는 스페인 왕위 계승 전쟁 등 대외적으로 많은 전쟁을 치르면서 유럽의 강대국으로 부상했지만 재정이 문제였다.

　절대 왕정이 펼쳐진 루이 14세 치하에서 재무장관을 지냈던 장 밥티스트 콜베르(Jean Baptiste Colbert)는 중상주의적 관점에서 값싼 농산물이 공급되어야 산업을 진흥시킬 수 있고, 이것이 전반적인 조세 수입 증가로 연결될 수 있다고 주장했다. 또한, 중농주의자들은 생리학 논리에 근거하여 농촌에서 생산된 농산물과 도시에서 생산된 공산품이 상호 원활하게 순환되어야 하며, 공업을 진흥시키기 위해 농업을 억누르면 농업 투자가 줄어들어 결국에는 공산품에 대한 수요를 위축시키는 것은 물론이고 도시 노동자와 공장주도 불안하게 된다고 생각했다.

　불을 지피는 원료인 식물에 대한 이해에서 출발한 중농주의 사상이 정치적, 사회적 안정을 연결 짓는 정책으로까지 발전했던 것이다.

산업혁명과 에너지의 외면

　자연과학과 중농주의론에서 에너지를 규명하고 이해하려는 노력이 진행되는 것과 병행하여 영국에서는 산업혁명이 성공 단계로 접어들면서 산업혁명의 에너지였던 석탄이 에너지를 이해하는데 결정적인 역할을 하였다.

　생산을 담당했던 공장과 운송을 담당했던 철로는 산업혁명의 근간이었는데, 이들이 모두 석탄에 의해 운영되었고, 이 결과 과거에 없던 새로운 제품과 직업이 창출될 수 있었다. 영국인들은 새로운 에너지원 덕분에 영국이 '세계의 공장'으로 변신하고 있을 뿐만 아니라 강대국으로 부상하고 있다는 점도 잘 인식하고 있었다. 그리고 19세기 전반, 영국에 이어 독일 등 유럽 국가들도 산업화에 뛰어들면서 산업화를 위한 에너지는 석탄이라고 인식하였다. 에너지에 대한 이해가 없으면 산업화는 불가능한 시대가 도래하였다고 하겠다.

　에너지가 경제에 미치는 영향력이 확대되고 있는데도 불구하고 이를 애써 외면하는 주장도 있었다. 18세기와 19세기에 존재했던 고전 경제학이 그랬다. 현대 경제학의 창시자로 잘 알려진 아담 스미스(Adam Smith)는 시장의 자율적인 조절 기능과 노동 분업을 절대적으로 신봉했다.

아담 스미스에게 시장의 자율성은 마치 뉴턴의 만유인력과 같았다. 복잡하게 보이는 우주가 만유인력에 의해 자연스럽게 돌아가듯, 스미스는 시장의 '보이지 않는 손'이 경제를 자율적으로 규제한다고 봤다. 그리고 노동력을 효율적으로 활용할 수 있는 노동 분업이 철저히 이루어져야 경제 성장이 된다고 믿었다. 그는 1776년에 출간된 주저 '국부론(Wealth of Nations)'에서 핀(pin)의 생산을 늘리기 위해서는 노동자들의 분업이 철저히 이뤄져야 하며, 증기 기관의 원활한 작동을 위해서도 이를 움직이는 소년공이 전문화되고 집중화되어야 한다고 주장하여 노동 분업과 전문화를 주장했다. [13]

그는 고향 스코틀랜드의 글래스고 대학 교수로 재직하였고 증기 기관을 혁신적으로 발전시킨 제임스 와트와는 동료로 지냈다. 이런 점들을 미뤄보면 그가 증기 기관과 에너지를 이해했을 것으로 짐작되지만, 그는 끝내 에너지에는 관심을 표명하지 않았다.

18세기 아담 스미스에 이어 19세기 후반 경제학의 태두였던 존 스튜어트 밀(John Stuart Mill)도 에너지에 관심이 없었다. 그는 노동과 자본을 가장 중요한 생산 요소로 꼽았다. 밀에 따르면, 정치경제학자는 생산에 사용된 생산 수단을 모두 고려해야 하지만, 그 관심은 한번 사용으로 끝나지 않고 계속 반복해서 사용하는 요소에 한정되어야 한다고 주장했다.

이런 관점에서 볼 때, 옷을 만드는 과정에서 양털이 없어지듯이 열을 만들기 위해 사용된 연료도 없어지므로 이들 생산 원료는 일회용에 불과하다는 것이다. 반면, 사람이 제공하는 노동력과 자본으로 설치한 기계는 반복적으로 사용되므로, 노동과 자본이 양대 생산 요소라는 것이다. 밀은 생산 원료와 연료를 구분하는 것은 정치경제학에서 타당하지 않고, 심지어 노동자가 음식을 필요로 하듯이 기계가 작동하기 위해 석탄이 필요한 점은 크게 중요치 않다고 했다.[14] 에너지에 대한 논의를 회피한 그의 저서 '정치경제학 원리(Principles of Political Economy)'는 20세기 초반까지 영국 대학교에서 교과서로 사용되었다.

자유주의 경제학에 대항하는 마르크스 경제학 역시 에너지에 대해서는 소극적인 태도를 보였다. 석탄이 주력 에너지원이었던 19세기 후반 영국 런던에 정착한 마르크스는 기계가 노동자를 희생시키고 있다고 주장했다. 스미스와 밀처럼 마르크스도 노동을 생산 요소의 중심에 두었지만, 석탄과 증기 기관이 산업혁명을 일으켰다는 역사적 사실을 부인하였다.

그는 산업혁명의 출발점은 기계이며 이 기계가 다양한 생산 도구로 사용할 수 있어서 한 가지 도구만을 사용할 줄 아는 노동자들을 대체하고 희생시켰다고 주장했다.[15] 기계는 석탄을 연료로 사용하는 증기 기관과 석탄으로 생산된 철강에 의해 만들어지지만, 마르크스는 노동자를 희생시키는 것은 기계라고 주장하면서 기계 제작의 모태인 에너지에는 관심을 두지 않았다.

마르크스 경제학이 에너지에 무감각했던 것과는 대조적으로, 마르크스주의가 실현된 공산주의 현실에서는 전혀 그렇지 않았다. 1917년 러시아에서 레닌은 볼셰비키 혁명으로 세계 최초의 공산국가를 수립하는 데 성공하였다.

레닌은 1907년 독일을 여행하면서 전기가 주요 산업국가의 에너지로 자리 잡아가고 있다는 점을 목격했다. 특히, 볼셰비키 혁명 발발 후인 1919년 러시아의 발전소는 220개소에 불과했던 데 비해 미국의 발전소는 5,221개소에 이르렀다.[16] 이런 격차로 러시아 농촌에는 전기가 전혀 공급되지 않았다. 레닌은 농촌의 무지몽매한 농민을 깨우치고 공장을 돌리기 위해서는 전기가 필요하다고 믿었는데, 급기야 공산주의로 가는 길목에는 전기문제가 남아있다고 했다.

혁명의 여파로 국내외 혼란이 제대로 수습되지 않은 1920년, 레닌은 공산당 대회에서 전기가 곧 공산주의라고 선언하기에 이르렀다. 레닌의 전기 공급 계획은 스탈린이 5개년 계획을 통해 소련을 공업화할 수 있는 기반이 된 것으로 평가되고 있다.[17]

레닌은 어쩌면 에너지에 관심을 두지 않았던 마르크스주의가 갖는 정책적 한계를 절감하면서 전기, 즉 에너지가 제대로 공급되지 않으면 공산주의가 실현될 수 없다는 점을 인정한 것이다.

에너지의 결정적 능력

석탄에 의한 산업혁명이 여러 국가에서 성공하면서 에너지가 현대 문명을 탄생시키는 데 결정적인 역할을 한 것은 역사적 사실이 되었다. 유럽과 미국에서는 에너지를 기술이나 과학적 관점으로만 이해하려 하지 않고 다양한 관점으로 이해하려는 노력들이 등장하였다.

19세기 자유주의 경제학이 에너지를 여러 생산 요소 중 하나로 취급하면서 에너지를 경시했던 점에 비해, 19세기말부터 등장한 새로운 관점은 '에너지가 곧 문명'이라는 '에너지-문명 방정식(energy-civilization equation)'의 형태로 표현되었다.

방정식에서 독립 변수가 종속 변수를 결정하듯이, 에너지가 각종 사회 현상, 문명 발전, 더 나아가 역사 발전의 독립 변수로 자리매김하였다. 에너지-문명 방정식론자들은 에너지의 확보 및 소비에 따라 한 국가의 국력은 물론이고 사회적 수준 심지어 문화적 능력까지 결정된다는 주장을 제시했다.[18]

영국의 대표적인 에너지 방정식으로는 철학자이자 사회학자인

허버트 스펜서(Herbert Spencer)의 주장을 꼽을 수 있다. 적자생존과 사회진화론으로 잘 알려진 스펜서는 에너지를 사회적 격차의 원인으로 보았다.

스펜서에 의하면, 강자만이 살아남는 적자생존은 사회적 격차에서 비롯되며, 이 격차를 유발하는 물질적 차이는 에너지가 원인이라는 것이다. 19세기 후반에 활약한 스펜서는 석탄과 같은 에너지를 직접 언급하지는 않았지만, 자연으로부터 더 많은 에너지를 확보하는 사회가 다른 사회에 비해 훨씬 더 잘 운영된다고 믿었다.

당시 유럽 국가들 중 석탄을 기반으로 산업화를 달성한 국가들은 해외 식민지 개척에 나서는 제국주의 성향을 보였다. 이를 통해 강대국들은 식민지를 넓히는 적자생존의 시대를 열었는데, 스펜서는 이런 사회 진화의 이면에 에너지가 존재한다는 사실을 지적했던 것이다. 에너지는 물질 생산과 경제의 영역에만 머물지 않고 정신 영역인 문화에도 영향을 미치는 것으로도 이해되었다.

독일 화학자로서 1909년 노벨화학상을 수상한 빌헬름 오스트발트(Friedrich Wilhelm Ostwald)는 모든 사회 변화의 밑바닥에는 '원천 에너지'를 '이용 가능한 에너지'로 전환시키는 능력이 자리 잡고 있다고 주장했다. 그에 따르면, 문화는 이용 가능한 에너지인 '자유 에너지(free energy)'가 있을 때 발전할 수 있으며, 에너지 제1법칙인 에너지 보존의 법칙에 이어 이것이 '에너지 제2법칙'이 되어야 한다고 주장했다.

오스트발트는 자유 에너지를 더 많이 확보하기 위한 '에너지 낭비 금지'는 지상 명령이 되어야 한다고까지 했다. 한 집단이 공유하는 가치를 의미하는 문화가 에너지에 의존한다는 그의 에너지 방정식은 과학과 인문학의 활발한 토론을 촉진하는 것이 아니라 오히려 이를 막는다는 비난을 받기도 했다.[19] 하지만, 에너지의 정신적 중요성을 강조한 오스트발트의 이론은 미국에서 계승되었다.

미국 문화 인류 학회장을 역임한 레슬리 화이트(Lesley A. White)는 문화 발전과 인간의 에너지 통제를 연결시켰다. 그는 한 사회의 문화 발전 정도를 알기 위해서는 그 문화가 얼마나 많은 에너지를 활용하는지를 측정하면 된다고 했다. 이런 관점에서 중국, 이집트, 인도 등이 위대한 문명 발전 단계를 거친 후 더 이상 발전하지 못한 이유는 에너지를 확보하는 데 실패했기 때문으로 진단했다.

결국, 그는 문화도 인간의 창조물이지만 에너지가 결정적인 영향을 미친다고 보았다. 화이트는 제2차 세계대전이 격렬하게 벌어지고 있던 1943년에 이 같은 주장을 펼치면서, 전쟁 와중에도 에너지의 미래를 상당히 낙관적으로 보았다.

당시 미국은 원자탄 개발을 추진 중이었는데, 화이트는 핵융합 기술이 성공하면 에너지 문제는 해결될 것이지만, 이것이 실패하더라도 태양광이 미래 에너지원이 될 것으로 예상했다.[20]

에너지는 역사 발전 단계를 구분하는 기준으로도 활용되었다.

인류 발전을 도구의 발전에 따라 석기시대, 청동기 시대, 철기 시대로 구분하듯이 에너지 사용 형태에 따라 문명 발달 단계를 나누는 주장이 제기되었다.

미국의 역사학자 루이스 멈퍼드(Lewis Mumford)는 서구 문명이 발전할 수 있었던 데는 기술 발전이 있었으며, 각 시대 기술발전 단계는 에너지와 물질이 결합하여 결정됐다고 주장했다. 그는 에너지와 물질 중 에너지를 더 결정적인 요인으로 보았는데, 이들 결합을 기준으로 역사를 3단계로 구분했다.

가장 오래된 생태 기술(ecotechnic) 시대에는 인류가 물을 활용하여 수차를 통해 에너지를 생산했고, 나무가 가장 중요한 소재였다. 그 다음으로 고기술(paleotechnic) 시대에는 석탄에 의존하면서 철을 주요 소재로 사용하였고, 마지막으로 전기가 중심인 신기술(neotechnic) 시대에는 합금(alloy)이 핵심 소재로 사용되었다는 것이다.[21] 그런데, 멈퍼드의 시대 구분이 제시된 1930년대는 세계 경제가 이미 석유의 시대로 접어들기 시작하던 시기였다. 이런 사실을 감안하면, 멈퍼드의 신기술 시대는 석유보다 전기에 대한 기대가 더 컸던 것으로 보인다.

기본소양이 된 에너지 이해

　서구에서는 에너지 연구가 과학과 기술은 물론이고 인문학 등 여러 분야에서 다양하게 이뤄져 왔다.

　우리나라에서도 과학 교육을 통해 에너지를 제대로 이해하려는 노력이 있었다. 1980년대 초반까지만 해도 우리나라 고등학교 물리 교과서는 에너지를 소홀히 취급하였다. 1973년과 1979년 두 차례의 석유 파동을 겪은 직후에 사용된 5종 물리 교과서는 에너지를 직접적이고 포괄적으로 다루지는 않고 힘과 운동을 소개하는 수준이었다.[22]

　하지만, 최근에는 대부분의 고교 물리학 교과서가 미국 고등학교 교과서처럼 에너지부터 시작하고 있다. 이런 변화는 에너지가 과학과 공학의 기초가 되고 있다는 점과 에너지가 우리 경제와 삶에 깊이 들어와 있어 에너지를 제대로 알지 않으면 안 된다는 점을 반영하고 있다.

　에너지의 정의는 간단해 보이지만, 인류 역사에서 인간이 사용하고 이해하려고 했던 에너지 종류는 엄청나게 많다. 운동 에너지, 열에너지, 중력 에너지, 위치 에너지 등과 같이 과학계에서 논의되는 에너지 외에도 소리 에너지, 화석 에너지, 신재생 에너지 등 너무나 많은 에너지가 존재하고 있다. 힘 혹은 동력을 표현하는 단어 뒤에 '에너지'를 갖다 붙이면 마치 새로운 에너지라도 탄생한 것 같은 느낌마저 든다.

　노벨상 수상자이며 이론 물리학자로서 제2차 대전 중 미국의 핵무기 개발에도 참여한 리처드 파인만(Richard Feynman)은 캘리포니아 공과대학(CalTech) 학생들을 대상으로 한 물리학 강의에서 20여 가지의 에너지를 거론했다. 그는 모든 물체는 존재하는 순간부터 에너지를 갖는다면서 물리학에서 다루는 에너지는 수학적 원리에 기초하고 있기에 매우 추상적이라고 지적했다. 그러면서, 파인만은 어쩌면 에너지가 무엇인지를 우리가 제대로 모를 수도 있다고까지 언급했다.[23] 파인만의 이 지적은 에너지 종류가 혼란스러울 정도로 많다는 점을 꼬집었다고 하겠다.

　에너지 전문가가 아닌 일반인이 이렇게 많고 복잡한 에너지를 모두 이해하는 것은 불가능하다. 하지만, 에너지를 간단하면서도 직관적으로 이해할 수 있는 기준으로 '생물(animate) 에너지'와 '무생물(inanimate) 에너지'를 꼽을 수 있다.

　생물 에너지는 생명력을 갖고 있는 유기체로부터 획득한 에너지를 의미한다. 나무, 인력, 축력 등이 가장 대표적인 생물 에너지이다. 이에 비해 무생물 에너지는 그 단어에서 짐작할 수 있듯이 생명력이 없는 물체로부터 획득한 에너지이다. 석유, 석탄, 천연가스와 같은 화석 에너지는 물론이고, 신재생 에너지로 꼽히는 물, 바람, 햇빛, 우라늄 등이 여기에 해당된다. 직관적으로도 알 수 있겠지만, 인류 역사는 생물 에너지에서 무생물 에너지로 전환하면서 발전해왔다.

이들 두 에너지원은 몇 가지 뚜렷한 특징을 가진다. 우선, 무생물 에너지는 자연에서 만들어지고 생산된 에너지원이며, 인간이 만들어 낸 에너지원은 아니다. 이에 비해 생물 에너지는 인간이 키우거나 재배하여 사용할 수 있다.

둘째, 에너지 공급의 안정성 측면에서 가축이나 사람처럼 생명체는 의사 결정 능력 혹은 의지를 갖고 있어 에너지 공급이 제때 이뤄지지 않을 수 있다. 무생물 에너지는 저장에 큰 어려움이 없어 공급 차질이 발생하여도 저장된 에너지를 이용할 수 있다. 현재 관심의 대상이 되고 있는 태양광, 풍력과 같은 재생 에너지는 그렇지 않지만, 석유, 석탄과 같은 에너지들은 쉽게 저장할 수 있어 공급 안정성을 높여준다.

셋째, 무생물 에너지는 다른 형태의 에너지로 쉽게 전환하여 사용할 수 있는 편리성이 있다. 예를 들어 석탄, 석유 등을 이용하여 화력 발전소에서 전기 에너지로 전환하여 소비자에게 에너지를 공급할 수 있는 데 비해 생물 에너지는 전환이 매우 어렵거나 비용이 많이 들어간다.

생물 에너지는 자신의 생명을 유지하기 위해 많은 에너지를 소모해버린다. 그러니까, '일을 하기 위해 제공하는 에너지', 즉 자유 에너지(free energy)를 흡수해버리는 경우가 많다. 생물 에너지의 에너지 생산 효율성이 무생물 에너지에 비해 크게 떨어진다는 것이다. 이런 차이점에도 불구하고 이 두 형태의 에너지가 영원히 재생하여 생산될 수 없다는 공통점도 있다. 생물 에너지는 노쇠현상과 유한한 수명으로 일정 기간이 지나면 에너지를 더 이상 생산할 수 없고, 화석 연료도 지하에서 무한정으로 캐낼 수 없다.

역사적으로 생물 에너지는 근대 이전 농업이 주력이었던 전통 사회 내지 농업 사회에서 주로 사용되던 에너지원이었다. 이 시기에는 극히 소수의 특권층을 제외한 대부분의 사람이 근근이 살아갈 수 있을 정도의 에너지를 사용하였고, 이를 확보하기 위해 엄청나게 많은 시간과 노력을 투자했다. 이런 측면에서 생물 에너지는 '에너지의 구체제(ancien regime)'라고 할 수 있다.[24]

'체제(regime)'는 어떤 일을 준비하고 운영하는 특별한 방법 혹은 절차를 의미하는데, 인간의 행동이나 의사 결정에 큰 영향을 미친다. 생물 에너지의 한 형태인 인력을 쉽고 더 많이 확보하기 위해 인간은 노예제를 만들고 오랜 기간 유지했었다. 이런 역사가 바로 에너지 구체제의 대표적인 예라고 할 수 있다. 따라서, 생물 에너지는 그 특징에서 알 수 있듯이 현대 문명의 에너지 체제로 보기는 어렵다.

현대 문명이 절대적으로 의존하고 있는 무생물 에너지가 현재 직면하고 있는 가장 큰 문제는 기후 변화이다. 소위 '화석 연료(fossil fuel)'로 꼽히는 석탄, 석유 그리고 천연가스는 무생물 에너지원의 핵심이며 현대 문명의 뿌리가 된 에너지원이다. 이들은 지구 온난화와 그로 인한 기후 변화를 일으키는 이산화탄소를 배출하는 최대 원인으로 지목되고 있다.

2022년 기준 세계 경제는 에너지 소비를 통해 343억 톤의 이산화탄소를 배출했는데, 이 중 화석 연료가 98%를 차지한 것으로 추정되고 있다.[25] 폭염, 홍수, 태풍, 가뭄 등 지구 온난화로 유발된 이상 기후 현상이 과거보다 더 자주 발생하고 있는 것을 우리는 경험하고 있다.

기후 변화 현상 발생 여부는 이제 더 이상 과학적 논쟁의 대상이 아니다. 오히려 지구 온난화를 유발하지 않는 에너지원으로 이행해야 된다는 '에너지 전환(energy transition)' 주장이 더 큰 설득력을 얻고 있다. 에너지 전환은 기후변화로 인한 불행한 역사를 막기 위해 지구 기온을 산업혁명 이전보다 1.5도 상승하는 수준에서 억제해야 된다는 것이 핵심이다.

그리고, 이산화탄소 배출을 대폭 줄이기 위해 화석연료 사용을 중단하고 그 대안으로 풍력, 태양광, 수력 등 재생 에너지(renewable energy)로 전환할 것을 요구하고 있다. 그렇다고 해서 에너지 전환론자들의 주장이 산업혁명 이전에 사용되던 생물 에너지

로 돌아가자는 것은 아니다. 에너지 구체제로의 복귀를 의미하는
것은 아니며, 만약 그렇게 한다면 인류 문명은 에너지 부족으로
생존할 수 없을 것이다.

에너지 역사에서 살펴보면, 인류는 생물 에너지에서 무생물
에너지로의 전환을 이미 실행했다. 그리고 각각의 에너지 체제 안
에서도 전환은 있었다. 생물 에너지의 경우, 인류가 불을 사용하
면서 나무와 풀 같은 식물이 에너지원이 되었고, 이후에는 인력과
축력을 사용하게 되었다. 무생물 에너지 체제가 시작되면서 물레
방아와 풍차와 같은 수력과 풍력이 먼저 사용되었고, 이어서 석탄
이 사용되었으며, 현대 사회에 들어서면서 석유와 천연가스가 새
로운 에너지원으로 추가되었다.

무생물 에너지가 주력 에너지가 된 이후에도 생물 에너지는 여
전히 사용되었고 지금도 지구촌 어느 곳에서는 생물 에너지를 중
요한 에너지원으로 사용하고 있다. 그리고, 현재 인류 문명의 생
존을 위해 풍력, 태양광 같은 재생에너지원이 새로운 미래 에너지
원으로 부각되고 있다. 여러 종류의 에너지원들이 다양하게 사용
되고 있는 것이 현실이다.

주석

1) https://www.britannica.com/science/energy 및 https://www.eia.gov/tools/glossary/index. php?id=E
2) Robert P. Crease(2004), Energy in the History and Philosophy of Science, Cutler J. Cleveland, Editor-in-chief, *Encyclopedia of Energy*, Vol. 2, Elsevier Academic Press, pp. 417-421.
3) 아리스토텔레스 저, 조대호 역(2012), 아리스토텔레스 형이상학, 한국연구재단 학술명저번역총서, 서양편, 나남, 제2권, pp. 26-28.
4) 우리나라에서는 에네르게이아를 '현실태', 에르곤을 '기능'으로 번역하고 있다. 구체적인 내용은 아리스토텔레스 저, 조대호 역(2012), 아리스토텔레스 형이상학, 제2권, pp. 11-14 참조.
5) https://digital.nls.uk/encyclopaedia-britannica/archive/193322688#?c=0&m=0&s=0&cv=708& xywh=4373%2C409%2C1773%2C1314
6) Vaclav Smil(2009), *Energy*, Oneworld Publication, pp. 4-5.
7) Institute of Energy(2023), *2023 Statistical Review of World Energy*, 72nd edition.
8) Edmund Burke III(2009), The Big Story: Human history, Energy Regime and the Environment, E. I. Burke and K. Pomeranz eds., *The Environment and World History*, University of California Press, pp. 33-53.
9) 오행의 나머지는 수(水), 목(木), 금(金), 토(土)이다.
10) Arthur Cotterel(1998), *From Aristotle to Zoroaster: an A to Z companion to the classical world*, Free Press, pp. 447-448.
11) Philip Ball(2002), *The Elements: A Very Short Introduction*, Oxford University Press, pp. 1-12.
12) Paul Christensen(2004), History of Energy in Economic Thought, Cutler J. Cleveland, Editor-in-chief, *Encyclopedia of Energy*, Vol. 2, pp. 117-118.
13) 애덤스미스 저, 최임환 역(2020), 국부론 제1권, 올재, pp. 84-96.
14) John Stuart Mill, edited with an introduction and notes by Jonathan Riley(1998), *Principles of Political Economy : and Chapters on Socialism*, Oxford University Press, pp. 57-59.
15) Karl Marx(1887), *Capital: A Critique of Political Economy*, Vol. I, p. 262, https://www.marxists.org/archive/marx/works/download/pdf/Capital-Volume-I.pdf.
16) Anindita Banerjee(2011), Electric Origins: From Modernist Myth to Bolshevik Utopia, Olivier Asselin, Silvestra Mariniello and Andrea Oberhuber eds., *L'Ère électrique - The Electric Age*, University of Ottawa Press, pp. 289-304.
17) Jonathan Coopersmith(1992), *The Electrification of Russia, 1880-1926*, Cornell University Press, pp. 151-191.
18) Karin Zachmann(2012), Past and Present Energy Societies: How energy connects politics, technologies and cultures, Nana Möllers and Karin Zachmann eds., *Past and Present Energy Societies*, Transcript Verlag, p. 9.
19) Karin Zachmann(2012), 앞의 글 pp. 10-12.
20) Leslie A. White(1943), Energy and the Evolution of Culture, *American Anthropologist*, Vol. 45, No. 3, pp. 335-356
21) Lewis Mumford(1963), *Technics and Civilization*, New York: Harcourt, Brace & World, pp. 109-267.
22) 송인명, 이춘우, 이성서 저(1982), 現行 高等學校 物理 敎科書의 比較 分析 硏究, 과학교육연구, 제14집, pp. 55-70.
23) 리처드 파인만, 로버트 레이턴, 매슈 샌즈 지음, 박병철, 김인보, 정재승 옮김(2004), 파인만의 물리학 강의, 승산, 제1-1권, pp. 4.1-4.3.
24) Stephen Mosley(2010), *The Environment in World History*, Routledge, p. 6.
25) International Energy Agency(2024), *CO_2 Emissions in 2023*, p. 4, https://iea.blob.core.windows.net/assets/33e2badc-b839-4c18-84ce-f6387b3c008f/CO_2Emissions in 2023.pdf.

II. 수차와 풍차 이야기

인류는 다양한 방법으로 자연에서 에너지를 추출해 사용해왔는데, 기계를 이용해서 에너지를 생산한 최초의 방식은 수차와 풍차이다. 인간이 자연으로부터 에너지를 얻는 방법은 매우 많다. 태양광을 이용하여 곡식과 식물을 키우고, 바람을 이용하여 배를 움직이며, 온천에서 더운 물을 사용하는 것들이 모두 여기에 해당된다. 수차(water mill)와 풍차(wind mill)는 이들과는 달랐다. 수차가 생산하는 수력 에너지는 나무로 만든 바퀴 혹은 물레를 이용하여 추출한 자연 에너지였고, 풍력 에너지 역시 나무로 만든 바람개비를 이용하여 생산한 에너지이다. 달리 얘기하면, 수차는 수력 에너지를 생산하는 기계이고, 풍차는 풍력 에너지를 생산하는 기계이다. 수력 에너지와 풍력 에너지는 인간이 사용하기 시작한 최초의 무생물 에너지였다. 물과 바람은 고갈될 염려가 없었기에 수력과 풍력 에너지는 마르지 않는 샘처럼 영원할 것 같았다. 그리고 수차와 풍차는 평화롭고 목가적인 모습으로 묘사되기도 하여 그 발전 과정도 몹시 순탄했을 것으로 짐작될 수도 있다.

수차라는 기계

수차는 흐르는 물을 활용하여 에너지를 얻는 기계이다. 인류가 수 천년동안 사용해 온 수차에는 여러 종류가 있지만, 기계적 구조를 기준으로 수직형(vertical) 수차와 수평형(horizontal) 수차로 대별된다. 수직형은 우리나라에서도 볼 수 있는 물레방아로 가장 단순하면서도 대표적인 형태이다. 이 수차는 떨어지는 물의 힘으로 수차 날개를 돌려 에너지를 생산한다. 좀 더 정확하게 얘기하면 물이 아니라 물이 낙하하여 발생하는 중력이 에너지의 근원이다.

벨기에에 있는 수직형 수차(출처 위키피디아)

이에 비해 수평형 수차는 계곡이나 인공으로 만든 수로에 수차 바퀴를 수평으로 설치하고, 수로를 따라 흘러내려온 물을 수차 날개에 부딪히게 하여 에너지를 얻는 방식이다.

에너지 생산 효율 측면을 따지면, 수직형 수차가 수평형 수차보다 우수한 것으로 평가된다. 수평형 수차는 출력을 전적으로 유량에만 의존하지만, 수직형은 유량 외에 물이 낙하해서 만드는 힘, 즉 낙차의 도움을 받기에 동일한 유량이라도 수직형이 더 많은 에너지를 얻을 수 있다.

그리고 수직형이 기술적으로도 앞서 있다. 수평형은 자연 혹은 인공의 물길에 수차만 설치하면 된다. 이에 비해 수직형은 낙차를 얻기 위해 최소한 수차보다 높은 곳에 인공 수로를 만들어야 한다. 또한 수직형 수차가 수평형 수차보다 통상 크기가 더 컸기 때문에 수직형의 출력이 더 컸다. 구조 측면에서도 수직형이 더 복잡하고 정교했다. 수평형은 물의 흐름으로 수차 축을 돌리고 그 위에 수평으로 돌아가는 맷돌 등을 설치하여 구조가 간단했다. 반면, 수직형은 맷돌을

아일랜드에서 사용되었던 수평형 수차(출처 패트릭 웨스턴 조이스, 고대 아일랜드의 사회 역사)

돌리기 위해 수평으로 돌아가는 수차 축의 운동을 수직으로 돌아가는 운동으로 바꾸어야 했다. 그래서 이를 위해서는 톱니바퀴와 같은 부품들이 다수 필요했다. 당연한 얘기이지만, 수직형이 수평형보다 구조가 복잡하여 설치에 더 많은 투자가 필요했다.[1]

이들 두 가지 수차 중 수평형 수차는 광범위하게 사용되지 못했다. 수차는 자연에 의존했기에 지역적 여건에 맞는 형태로 발전했다. 그런데, 수평형 수차는 북유럽의 역사 유적지에서 주로 발굴되고 있는 점을 근거로 북유럽에서 주로 사용된 것으로 추정된다. 그래서 '노르딕(Norse) 수차'라고도 불린다. 일부 학자는 북유럽이 로마의 지배 영역이 아니었던 점에 착안하여 수평형 수차를 '야만인의 발명품'이라고 주장하기도 한다. 흔히들 우수한 기계가 열등한 기계를 퇴출시키는 현상을 상상할 수 있지만, 수평형 수차와 수직형 수차가 경쟁하여 수평형 수차를 퇴출시켰다기보다 지역 사정에 맞춰 사용된 것으로 보인다.

수자원을 이용하여 에너지를 효율적으로 생산하려고 했던 당대 사람들에게는 수직형 수차가 수평형보다 더 매력적이었을 것이다. 수평형 수차는 구조가 매우 단순했기에 '동네 기술자(local craftsman)'도 충분히 만들 수 있었던 데 비해, 수직형 수차는 대규모 제작비를 댈 수 있는 집단, 즉 영주나 부유한 상공인들이 건설했던 것으로 보고 있다. 이들 집단은 수력 에너지를 적극 활용하려는 동기가 있었기에 효율성이 높은 수직형 수차에 더 큰 관심을 가졌다.

반면, 수평형 수차는 출력이 크지 않고 구조도 단순하며 기술적으로는 효율을 개선할 수 있는 여지가 별로 없었기에 이들 투자자의 관심을 끌지 못했다. 이런 이유로 유럽에서 수직형 수차가 광범위하게 사용되었고, 수평형 수차는 인구가 희박한 오지 내지 산간 지역에서 사용되었다.[2]

초기 유럽의 수차는 우리나라의 물레방아처럼 곡물을 빻는 데 주로 사용되었지만, 시간이 지나면서 산업용으로 확대되었다. 수차에 사용되는 다양한 부품들이 개발되고 기술 발전이 거듭되어 일하는 능력이 향상되면서 제분과 같은 농업용 외에 산업용 수차도 등장하였다. 가장 대표적인 산업용 수차로는 나무를 자르는 데 사용된 제재용 수차(sawmill)를 들 수 있다.

제재용 수차는 수차가 만드는 회전 운동을 수평 운동으로 변환시킨 후, 톱을 달아 목재를 잘랐다. 이외에도 수차는 광산에서 갱내에 고인 물을 퍼내는 펌프를 작동하고 광물을 잘게 부수는 파쇄기를 작동하였으며, 기름 공방에서는 씨앗을 압착하여 기름을 짰고, 대장간에서는 풀무질을 하기도 했다. 19세기가 되면 수차의 출력은 놀라울 정도로 커져 섬유 공장을 가동시켰다. 수차는 오늘날 우리가 생각하는 것보다 훨씬 다양한 역할을 수행했다.

문명과 함께 시작된 수차

    수차가 언제, 어디에서 처음 사용되었는지를 정확하게 파악할 수 있는 역사적 기록은 없다. 하지만, 그동안 발굴된 고고학 유적을 통해 그 출발지는 지중해 동부로 인정되고 있다. 흔히 '비옥한 초승달 지대(Fertile Crescent)'라고 불리는 이 지역은 일찍이 농업이 발달하면서 곡물을 빻는 일이 중요한 생산 활동 중의 하나였다.

    이와 관련하여 이 지역에는 수평형 수차가 사용된 흔적이 남아 있다. 그런데, 지중해 동부는 고대 그리스인들이 상업 활동을 왕성하게 했기에 이 지역에서 발굴된 수차를 그리스형(Greek) 수차라고 한다. 계곡의 물을 가두어 둘 수 있는 작은 댐을 만들고, 이 물을 빠르게 흘러 내릴 수 있는 수도관을 설치하여 수차를 돌렸다. 그리스형 수차는 인력으로 곡물을 빻는 것보다는 훨씬 효율적이었던 것으로 보이는데, 북유럽 일부 지역에서도 사용되었다.

    그리스형 수차는 이웃한 로마 영역으로 전파되었다. 고대 로마에서는 도시가 발달하면서 농촌이 도시에 식량을 공급하는 역할을 담당하였다. 폼페이 유적에서도 발견되었듯이, 고대 로마 제국 도시에는 빵을 전문으로 만들어 파는 빵가게도 존재하여 밀가루 수요가 적지 않았다. 다른 고대 사회가 그랬듯이, 로마에서 밀가루를 대량으로 빻는 제분 작업은 노예와 가축에 크게 의존했는데, 노예와 가축을 유지하는 비용이 만만찮았다.

로마는 이들 생물 에너지에 의한 제분보다 더 혁신적인 제분 방식이 필요했고, 이런 필요에 의해 수차를 수용하게 되었다. 특히, 로마군이 주둔한 지역에서는 군인들에게 공급할 식량이 대량으로 필요했기에 이를 해결하기 위해서도 수차가 사용되었다. 로마가 영역을 넓히면서 수차는 로마군을 따라 독일, 프랑스 등 서유럽으로 전파되었다.

그리스보다 로마 제국에서 수차 이용도가 높아지면서, 로마의 발달된 토목 및 기계 제작 기술이 수직형 수차를 탄생시킬 수 있었다. 기원전 25년 비트루비우스(Vitruvius)라는 토목 기술자는 '건축학(De Architecture)'이라는 책을 저술했는데, 여기에 수차를 제작하는 방법이 자세히 기록되어 있다. 로마 제국의 수차 수요가 많다 보니 수차 전문 서적이 나올 수 있었던 것이다. 이런 역사적 기록 외에도 수차 보급은 유적으로도 확인되는데, 기원 2세기 전반이 되면 수직형 수차는 제국 여러 곳에서 사용되었다.

동쪽으로는 비잔틴, 서쪽으로는 스페인, 북쪽으로는 영국과 독일에서 로마 시대 수차 유적들이 발견되고 있다. 특히, 프랑스에서는 로마 지배 기간인 기원 300년경에 제작된 수차가 발굴되었다. 이 수차들은 비트루비우스 저서에서 묘사된 구조와 일치하는 것으로 알려졌다.

수차가 로마 여러 곳에서 사용되었음에도 불구하고 수차의 전파 속도와 범위는 그렇게 특출나지는 않았다. 이의 가장 큰 원인은 수차와 생물 에너지 간의 경쟁에서 찾을 수 있다. 기원 무렵 로마는 인구 폭발이라고 불릴 만큼 인구가 급증하였다. 로마 도시에서는 일거리를 찾지 못한 인력, 즉 프롤레타리아(proletariat)들이 넘쳐났다. 로마는 경제적으로 전성기였지만, 이런 실업자들로 골머리를 앓고 있었으며, 어쩔 수 없이 이들을 공공시설 건설에 고용해야 하는 상황이었다.

한편, 대농장인 라티푼디움(latifundium)에서는 여전히 노예들이 절구나 맷돌을 이용하여 곡물을 빻았고, 대량의 식량 공급이 필요했던 곳에서는 말과 당나귀가 방앗간 맷돌을 돌렸다. 수차의 확산을 막는 이런 현상은 노예 공급이 부족해지기 시작한 로마 말기까지 계속되었다.

로마 제국의 자연 환경도 수차 확산에 유리하지 않았다. 제국이 건설된 스페인·북아프리카 등 지중해 연안 지역들은 수자원이 풍부하지 않아 수차를 설치하기에 적절치 않았다. 프랑스 및 영국 등 수자원이 풍부한 영역은 겨울이 되면 추운 날씨로 물이 얼어버려 수차가 무용지물이 되었다. 그리고, 당시 기준으로 수차는 결코 값싼 기계가 아니었다. 수차를 연중 사용할 수 없으면 큰 낭비였던 것이다. 이들 지역은 고가의 수차를 이용하여 곡물을 빻아야 할 만큼 대량의 곡물 수요가 있었던 것도 아니었다. 즉, 수차를 이용한 제분의 '규모의 경제'가 존재하지 않았다. 이런 자연적인 제약을 극복할 수 있는 역량이 충분치 않았던 로마에서는 수차를 활용한 에너지 확보 방식은 큰 힘을 발휘하지 못했다.[3]

중세 암흑기에 빛난 수차

　수차는 서구 문명의 암흑기인 중세에 보급이 확대되고, 기술적으로도 발전하였다. 1086년 영국에서 조사된 '토지대장(Domesday Book)'이 이를 강력하게 뒷받침해주는 증거이다. 1066년 영국을 정복한 노르망디 출신의 '윌리엄 정복왕(William the Conqueror)'은 세금을 거두기 위해 영국 전역의 장원, 영지, 마을을 조사했는데, 이를 기록한 토지대장에는 5,624대의 방앗간이 있었던 것으로 나와 있다. 당시 인구를 감안하면 400명 당 방앗간 하나가 있었던 셈이다. 이들 방앗간의 일부는 인력이나 축력으로 가동되었던 것으로 추정되지만, 상당수는 수차가 주 동력원이었다.

　이런 현상은 영국에만 국한된 것은 아니었다. 영국의 토지대장 조사와 비슷한 시기인 11세기와 12세기 프랑스 북부 퐁티외(Ponthieu) 지역에 있는 77개 마을 중 26개 마을에 최소한 한 곳 이상의 수차가 설치되어 있었다.

　또한, 수차가 있는 마을과 없는 마을의 거리는 그렇게 멀지 않았는데, 농민들이 곡물을 갖고 이동할 수 있는 한두 시간 거리였다. 영국과 프랑스 외에 독일 및 덴마크 등 유럽 여러 나라에서도 수차를 사용하였다. 이를 미뤄보아 수차는 최소한 서유럽적 현상이라고 할 수 있겠다.[4]

그리스와 로마에서 시작된 수차가 로마 제국의 멸망에도 불구하고 중세에 빛을 발할 수 있었던 데는 수도원의 역할이 결정적이었다. 중세 수도원은 금욕과 고된 노동으로 공동생활을 하면서 기도와 같은 의미 있는 종교 생활을 영위하려고 했다. 수도원의 일과 중 곡물 빻는 일은 힘들고 시간을 많이 들여야 하는 일이었다. 생존을 위해서는 피할 수 없었고, 수도사들은 이 힘든 일을 금욕 생활의 일부로 받아들였다.

그런데, 많은 수도원들이 수자원이 풍부한 강 유역에 자리 잡고 있었다. 이곳에 거주하던 수도사들은 수차를 아주 긴요한 발명품으로 인식하고 이를 적극적으로 사용했다. 수도사들은 당시 최고 지식인으로서 다른 어떤 사회 집단보다 수차의 기계적 원리를 이해하고 제작하는데 능했다. 수도원의 이런 능력으로 로마 시대부터 전해내려 오던 수차를 세속 사회보다 수도원이 먼저 수용할 수 있었다. 당시 수도원에는 평균 네, 다섯 대의 수차가 있었을 정도로 수차 활용에 적극적이었다.[5]

수도원이 주도적으로 사용했던 수차는 주변 세속 영주들에게도 전파되었다. 10세기 무렵, 유럽은 영주들 간 전쟁이 잦았다. 영주들은 전쟁에 대비하기 위해 대규모 병력을 유지하는 동시에 이를 뒷받침하기 위해 장원의 경제 활동도 잘 관리해야 했다. 그러기 위해서는 많은 속민들을 데리고 있어야 했는데, 영주들도 수도원 못지않게 식량을 공급해야 할 대상들이 많았다. 또한, 자신의 지배하에 있던 농노들을 농산물 생산과 같은 생산 작업에 더 많이 투입하기 위해서라도 곡물 제분에 투입해야 하는 인력을 절감해야 했다. 이런 인식은 제분의 기계화로 연결되었다. 그리고 당시 영주들은 자신의 영지에 있는 모든 것에 독점권 권한을 갖고 있었다. 이들은 자신의 영지에 제빵용 화덕, 와인 압착기 등 여러 시설들을 갖춰놓고는 속민들에게 시설을 사용할 것을 강요했고, 그 대가로 세금을 거둬들였다.

수차를 설치한 방앗간은 세금을 더 거둬들일 수 좋은 방법이 될 수 있었다. 영주들마다 차이는 있었지만, 통상 제분 곡물의 1/8을 수차 사용료로 징수했다. 이런 군사적, 경제적 필요성이 영주들로 하여금 수차 도입에 앞장서게 만들었다.

수차는 영주들에게 많은 장점을 가져다 줄 수 있었지만, 대규모 투자가 필요한 수차 설치는 영주들이 처한 상황에 따라 달랐다. 프랑스 북부 퐁티외(Ponthieu) 지역에서는 대형 영주들보다 소형 영주들이 수차 건설에 더 열심이었다.

대형 영주들이 지배했던 지역에서는 수차가 설치된 거리가 평균 10.7km이었던 반면, 중소 영주의 경우 이 거리가 3.7km에 불과했다. 이런 현상이 벌어진 이면에는 영주들의 수익 구조가 달랐기 때문이다. 즉, 대형 영주들은 수차 이외에도 다양한 수익원이 있었기에 수차를 마구 설치하는 것을 경계한 반면, 수익 구조가 다양하지 못했던 중소 영주들은 수익원을 확보하기 위해 수차 보급에 더 적극적이었던 것이다.

중세 들어 수차 사용이 확대되면서 수차를 운영하는 '방아장이 (miller)'라는 전문 직업도 생겼다. 대장간에 대장장이가 있듯이, 수차가 설치된 방앗간에는 방아장이가 각종 작업을 수행했다. 수차가 발명되기 전에는 누구나 절구와 맷돌로 쉽게 곡물을 빻을 수 있었지만, 이제 수차가 사용되면서 기계적 원리와 작동 방식을 이해하지 못하면 곡식을 빻을 수 없었다.

사실 방아장이는 로마 시대에도 존재했었다. 그런데 초기에는 농민이 방아장이 역할을 겸할 수 있었지만, 수차의 발전으로 기계 구조가 복잡해지면서 방아장이는 전문 기술자로 탄생한 것이다. 방아장이는 수차 건설과는 관련이 없었고, 오직 수차를 돌리고 수차 사용료를 징수하는 역할만 수행했다. 그렇지만, 이들은 동업자 조합인 길드(guild)를 조직하여 사회적으로도 안정적인 대접을 받았다고 한다.[6]

산업혁명의 전조

　중세 후반기에 해당하는 12세에 유럽 수차는 한 차례 혁신을 경험했다. 당시까지 수차는 곡물을 빻는 제분 작업에 주로 사용되었는데, 이때가 되면 산업용으로 쓰이기 시작했다. 로마 시대에도 산업용 수차는 존재했던 것으로 알려져 있다. 로마가 점령한 영국, 프랑스, 이베리아 반도 등에서 발굴된 유적에서는 철제 도구 제작에 수차가 사용된 흔적이 있다고 한다. 하지만, 당시 로마 시대 산업용 수차는 예외적으로 사용되었고, 로마 제국의 몰락과 함께 수수께끼처럼 사라져버렸다.

　12세기 수차 기술 혁신은 프랑스에서 주도했다. 1235년 프랑스 북부의 한 엔지니어가 남긴 250여 장의 도면에는 수차로 나무를 제재하는 모습이 그려져 있다. 이 그림에 의하면, 캠(cam)이라는 부품을 이용하여 수차의 회전 운동을 수평 왕복 운동으로 바꾸고, 캠에 톱을 설치하여 나무를 컸다.

　산업용 수차는 고급 옷감인 모직물을 제조하는 작업에 가장 많이 사용되었다. 수차에 의해 축융 작업(fulling)이 기계화가 이뤄진 가장 대표적이고 선도적인 분야였다. 양털로 짠 모직물에는 기름기가 많이 남아 있어 옷감이 몹시 뻣뻣했다. 촉감을 좋게 하기 위해서는 이 기름 성분을 제거해야 했는데, 이를 위해서는 옷감을 물에 담그고 발로 밟는 축융 공정을 거쳐야 했다. 이 축융에는 많은 인력이 필요했고, 겨울철에는 차가운 물에서 작업을 해야 해서 몹시 고통스러웠다.

이런 단순 반복적인 작업에 수차가 투입되었다. 수차가 사람을 대신함으로서 축융 작업은 연중 내내 할 수 있게 되었고, 축융 작업 기계화는 당연히 고급 옷감 생산을 크게 늘리는 효과가 있었다.

산업용 수차가 사용된 분야는 매우 다양했다. 축융 외에도 제재, 가죽 무두질과 제철 공정과 같이 단순 반복적인 작업에 수차

수차를 이용하는 중세 말 제철 (출처 메디이벌 웨어)

가 주로 사용되었고, 금속 연장 제작과 동전 제조 등에도 공정의 일부를 수차로 기계화하는 데 성공하였다. 지금까지 확인된 분야만 20여 가지가 넘는다고 한다. 흥미로운 점은 제재용 수차가 본격적으로 상용화되었다는 점이다. 이는 수차의 출력이 그만큼 커졌고 수차의 기계적 구조가 제재를 할 수 있을 만큼 정교해졌다는 것을 의미한다.

산업용 수차는 선도 국가 프랑스에서 영국, 독일, 이태리 등으로도 퍼져나갔고, 더 나아가 체코 등 동유럽 국가에도 확산되었다. 중세 말부터 시작된 산업용 수차에 의한 기계화는 19세기 산업혁명의 뿌리가 되었다는 주장도 제기되고 있다. 산업용 수차 장비는 철이 아니라 나무로 만들어졌지만 수력이라는 무생물 에너지를 사용하였고, 19세기 산업혁명에 사용되었던 각종 기계 장비들의 기본 형태가 이미 이 시기에 시작되었으며, 생산성이 크게 향상되었다는 점들을 들어 이런 주장이 나오고 있다. 그래서 산업용 수차의 사용을 제1차 산업혁명으로 보는 시각도 있다.[7]

13세기부터 본격화된 산업용 수차의 개발과 확산은 16세기까지 계속되었다. 여기에는 중세 말 유럽의 사회 경제적 변화가 촉진제 역할을 했다. 이 시기 유럽 인구가 빠르게 늘어나고 경제 규모가 커지면서 다양한 제품에 대한 수요가 증가했고, 이 수요 증가를 충당하기 위해 국내외 교역이 활발해진 것이 산업용 수차 발전에 긍정적인 영향을 미쳤다. 그리고 영주들이 수차에서 거두어들이는 수입 구조도 또 다른 요인이었다.

산업용 수차는 농업용 수차에 비해 수익이 1/3 내지 1/4에 불과했다. 영주들은 수차에서 가급적 많은 수익을 확보하는 것이 목적이었지만, 산업용 수차가 농업용 수차보다 수입이 좋지 않아 중소 장인들에게 명목상의 허가료를 받고 수차 설치를 허용하였다. 산업용 수차에 대한 영주들의 통제는 약화되는 반면, 중소 장인들의 영향력은 커져갔고, 이런 현상은 중소 장인들이 산업용 수차에 적극 투자할 수 있었던 계기가 되었다.

영주들의 통제가 완화됐다고 해서 산업용 수차를 마냥 자유롭게 설치하도록 내버려 둔 것은 아니었다. 산업용 수차는 주로 제조업에 종사했던 사람들이 설치했는데, 영주들은 불법 행위에 대해서는 엄격하였다. 15세기 영국에서는 불법으로 확인된 산업용 수차를 몰수하는 것은 물론이고 파괴하는 일도 잦았다. 그런데, 1435년 한 영주는 몰수한 산업용 수차를 대여 형식으로 임대료를 받고 원래 수차 설치인에게 되돌려 주기도 했다. 이는 영주들의 목적이 수입에 있었다는 점을 확인해주는 사건이었다.[8]

순탄치 않았던 순간들

6세기부터 16세기까지 중세 천년 동안 수차 활용도는 크게 늘어난 것이 사실이지만 그 과정은 중세 풍경화에 등장하는 수차처럼 마냥 목가적이거나 순탄했던 것은 아니다. 수력을 이용하는 친환경 에너지 생산 방식인 수차는 친환경 에너지가 늘 그렇듯이 자연 조건이 큰 장애였다.

수차 가동에 필요한 수자원을 확보하는 데는 강수량, 강우 시기 그리고 지형 등과 같은 여러 자연 조건이 작용했다. 비가 너무 많이 내려 유량이 넘치거나 가뭄으로 유량이 줄어들면, 수차는 최적 가동이 어려웠다. 또한, 지형적으로는 강이나 하천 인근과 같이 유량이 풍부한 곳이 수차의 최적지였지만 이런 곳으로부터 멀리 떨어져 수자원이 빈약한 지역은 수차 설치가 쉽지 않았다. 그리고 겨울에 기온이 지나치게 떨어져 물이 얼어버려도 수차는 무용지물이었다.

이를 극복하기 위해서는 보완 시설들이 만들어져야 했다. 적정 유량을 확보하기 위해 댐이나 저수지를 만들고, 저수지와 수차

사이에는 원활한 물 흐름을 위해 수로를 건설해야 했다. 수차제작에도 적지 않은 투자를 해야 했지만, 이와 같은 기반 시설 건설에 더 큰 투자가 필요했다.

중세 경제 규모를 생각하면 기반 시설 건설에는 상당히 큰 투자가 필요했기에 중세 영주들은 수차 건설에 신중할 밖에 없었고, 막대한 투자를 실행한 영주들은 투자금을 회수하기 위해 속민들에게 수차 사용을 강요하였다. 심지어 자신의 속민이 다른 영주의 수차에서 곡물을 빻는 것을 막기 위해 속민을 감시하기도 했다.

영주에게 가장 큰 골칫거리는 농민들이 집집마다 갖고 있는 가정용 맷돌이었다. 영주들은 수차 사용을 강제하기 위해 가정용 손맷돌을 포함한 모든 제분 시설과 기구를 금지하였고, 심지어 '맷돌과의 전쟁'을 선포하기도 했다.

영국 요크셔(Yorkshire)에서는 12세기부터 가정용 맷돌을 금지하기 시작했는데, 이를 압수, 파괴하는 일이 14세기까지 계속되었다. 이를 견디지 못한 농민들은 반란을 일으켰고 영주들은 이를 무력으로 진압하면서 농민들의 피해가 적지 않았다. 이런 충돌은 요크셔에서만 일어난 것이 아니었고, 프랑스, 독일 등 많은 지역에서 다반사로 발생했다. 농민들의 맷돌을 불법화하는 것은 현실적으로 거의 불가능했다. 가뭄 등으로 수차의 가동이 어려운 시기에는 맷돌 사용이 허용되기도 했고, 어떤 지역에서는 맷돌에 세금을 매겨 사용을 인정하여 영주와 농민 간에 부분적인 타협도 있기도 했지만, 개인 맷돌 사용은 원칙적으로 금지되었다.

중세 중후반기 정치 상황도 수차에 우호적이지는 않았다. 영주들 사이에 전쟁이 잦았던 이 시기에 적이 성곽을 포위하고 성으로 들어오는 물길을 차단하는 공성법을 사용하면 수차는 꼼짝없이 가동이 중단되었다. 공격받는 영주는 식량 생산이 어려워져 전쟁에서 승리를 장담할 수도 없었다.

이런 우려 때문에 영주들은 수차 외에 축력이나 인력으로 가동되는 맷돌을 부수적으로 준비해두기도 했고, 안정적인 수차 운용을 위해 영주들은 수차용 물을 다른 용도로 사용하지 못하게 수자원을 엄격하게 관리했다.

이런 어려움에도 불구하고, 13, 14세기 수차는 소유주들에게는 중요하고도 안정적인 수입원이 되었다. 중세 수도원 수입의 약 10% 정도는 수차에서 나왔다고 하며, 영주들도 약 8% 정도의 수입을 수차에서 얻었다. 수입을 적극적으로 확보하려는 영주들은 경제성이 떨어지는 수차를 과감하게 없애기도 했다.

인구가 희박한 지역에 설치된 수차와 수로에서 멀리 떨어져 유지비용이 많이 들어가는 수차들이 이런 구조 조정의 대상이 되었다. 그리고 수차 운영의 효율성을 높이기 위해 수차를 대형화하고 출력을 높이는 노력도 병행했다. 이런 과정을 통해 수차는 경제성이 좋은 사업으로 변해갔고, 고수익은 14세기 흑사병이 발생할 때까지 유지되었다.

흑사병이 가져다 준 기회

중세가 종반으로 접어드는 14세기 무렵, 중세 사회는 유례를 찾아 볼 수 없는 흑사병(Black Death)이 발생하여 많은 변화를 겪었다. 흑사병은 비극적인 사건이었지만, 수차에는 새로운 역사를 여는 계기가 되었다. 흑사병으로 중세 인구의 1/3 내지 1/4이 줄어들었고, 이로 인해 영주가 갖고 있던 각종 독점권도 와해되었다. 반면, 흑사병에서 살아남아 경제적 여유를 가진 계층이 중세 사회의 중요 경제 활동 집단으로 등장하였다.

이런 변화는 수차의 세계에도 영향을 미쳐, 영주의 독점적인 지배권에서 벗어난 자유민들이 수차 건설에 대거 뛰어들었다. 14세기에 신규 건설된 수차의 약 20%는 이들 자유민이 주도했다. 이런 현상은 흑사병으로 인구가 급격하게 줄어 노동력이 부족해졌고, 그 공백을 수차가 생산한 에너지에 의존할 수밖에 없었던 사정이 있었기 때문이다.

이 시기에 중세 후반기부터 등장한 산업용 수차가 유럽 여러 지역으로 급속하게 전파되었다. 1556년 독일의 기술자 게오르크바워(Georg Bauer)가 은, 납 등 금속 생산 과정을 서술한 '금속론(De Re Metallica)'에는 수차가 광산의 배수와 환기 그리고 광물 운송 등에 사용된 것으로 묘사되어 있다. 바우어가 이들 시설을 발명한 것은 아니지만, 당시 독일 등 중부 유럽 광산에서는 수차 사용이 일종의 관행으로 자리 잡았던 것이다.

16, 17세기에 그려진 종교 미술에도 수차가 등장한다. 종교 그림에는 제분용 수차뿐만 아니라 여러 가지 산업용 수차도 등장한다. 농민과 일반인의 일상생활과 함께 수차가 그림으로 그려졌다는 사실은 수차가 생활 속 깊숙이 자리 잡았고 그만큼 보편화되었음을 의미한다. 흥미로운 점은 제작 연대가 다른 많은 종교화에 등장하는 수차들이 '금속론'에 나오는 수차와 매우 유사한 구조를 갖고 있다는 사실이다.

종교화에 등장하는 수차의 구조가 유사했다는 점은 수차제작에서 그 의미를 찾을 수 있다. 중세까지 수차제작은 로마 시대에 만들어졌던 비트루비우스 수차를 기본으로 삼고, 경험 있는 목수들이 눈대중으로 제작했다. 하지만, 이 시기가 되면 수차를 만드는 전문 기술자들이 등장하여 경험보다는 과학적 원리에 근거하여 수차를 제작했다. 18세기에는 정교하게 작성된 제작 계획서, 치수가 기재된 도면, 제작 절차가 상세히 기술된 부속 설명서 등을 기반으로 수차가 만들어졌다.

그리고 프랑스에서는 귀족들이 자신의 저택에 수차가 수록된 백과사전을 비치할 정도로 수차가 중요해졌으며, 수차는 없어서는 안 되는 핵심적인 에너지 생산 방식으로 자리를 잡았다. 수차 제작의 과학화와 전문화의 영향으로 수차는 대량 보급의 시대를 맞이했는데, 영국에서는 44대의 수차를 제작한 토목기사가 나올 정도였다고 한다.

과학화, 전문화 그리고 대량 보급된 수차는 용도를 크게 넓혔다. 중세 초에 시작된 농업용과 중세말의 산업용에 이어, 근대의 수차는 도시 기반 시설용으로 사용되었다. 중세가 끝나면서 유럽 주요 지역에서는 도시화가 진행되었다. 도시화는 제한된 공간에 인구가 급격하게 증가하는 것을 의미하는데, 식수 등 용수를 공급하는 일이 큰 문제였다.

런던, 파리, 뮌헨 등 서유럽 대도시의 용수 공급 문제 해결에 수차가 결정적으로 기여했다. 파리의 경우, 1600년 퐁 네프(Pont Neuf)에 설치되었던 상수도 시설이 1714년에 확장되었다. 파리 시내를 흐르는 세느 강에 댐을 만들고 지름 11m, 폭 1.4m나 되는 '괴물'같은 수차 114대가 64대의 펌프를 가동하여 파리 주민들에게 물을 공급하였다. 이 무렵 런던과 뮌헨에서도 파리와 유사한 용수 공급 시설들이 건설되었다. 이들 시설을 가동하는 데 필요한 에너지를 수차가 모두 공급할 수 있었던 덕분에 서구 사회는 일찍이 도시 기반 시설을 갖출 수 있었다.[9]

아이러니하게도 수차의 전성기는 증기 기관이 확산되고 있던 시기였다. 증기 기관은 1750년대부터 사용되기 시작했지만, 수차는 이에 큰 영향을 받지 않고 여전히 중요한 에너지 공급 수단이었다. 특히, 수자원 확보가 용이한 영국 북부 요크셔(Yorkshire)에는 수차로 가동되는 모직 및 면직 공장들이 대규모로 건설되었다. 수력을 확보할 수 있는 곳에는 이런 공장들이 우후죽순으로 들어섰는데, 이들 공장은 이제까지 사용했던 농업용 및 산업용 수차와는 비교도 안 될 정도의 강력한 에너지가 필요했다.

영국 면방직 공장에 가장 많이 보급된 아크라이트(Arkwright) 방적기를 돌리기 위해서는 통상 지름 5.5m, 바퀴 폭 7m의 수차가 사용되었다. 면방직 공장을 돌린 수차는 제분용 수차의 거의 다섯 배에 이르는 출력을 갖고 있었고, 크기는 2층 건물 정도였다.

수차가 이렇게 큰 출력을 낼 수 있었던 것은 수차 소재가 바뀌

렉시(Lexy) 수차 (출처 위키피디아)

었기 때문이다. 수차는 바퀴부터 시작하여 거의 모든 부품이 나무로 제작되었고, 이 부품들이 물을 머금고 있었다. 그래서 그 무게 때문에 수차 자체를 돌리는 데 상당히 많은 에너지가 소모되었다.

그런데, 18세기 말부터 제철 공정에 석탄이 사용되면서 철의 생산이 늘어나고 가격도 하락하였다. 수차가 철 공급 확대와 가격 하락 덕택에 철제 부품으로 대체될 수 있었다. 철제 수차는 목재 수차에 비해 무게가 가벼워 에너지 효율이 높아졌을 뿐만 아니라, 쉽게 마모되지 않고 오랫동안 사용할 수 있었다. 수차 소재의 경량화와 내구성 향상이 에너지 손실을 줄이면서 섬유 공장에 필요한 대량의 에너지를 공급할 수 있었던 것이다.

수차는 이제 과학화, 전문화, 경량화, 효율화를 이루면서 거의 모든 산업으로 확산되었다. 공장이라는 대규모 생산 방식이 도입되면서 제철 공장, 공구 제작 공장 등 각종 공장에는 과거보다 더 많은 에너지가 필요했고, 증기 기관이 사용되기 전까지 수차가 이런 대규모 에너지 수요를 해결했다.

광산에서는 수차가 갱내에 고인 물을 퍼내기 위해 말이나 당나귀 같은 축력을 대체했다. 이들 축력은 유지비용이 많이 들었는데, 수차의 출력이 커지면서 축력보다 수차를 더 선호하게 되었다. 1859년 구리 광산이 있던 영국 서부 해안 '맨 섬(Isle of Man)'에는 세계 최대 규모의 수차 '렉시(Lexey Wheel)'가 설치되었다. 수차 지름이 22m, 바퀴 폭이 1.8m나 되었던 이 수차는 배수뿐만 아니라 광물을 갱 밖으로 실어 나르는데도 사용되었다. 모든 산업 분야에서 수차가 사용되면서 수차는 곧 다가올 산업혁명의 씨앗이 되어 가고 있었다.

수차와 관련하여 오늘날 수력 발전의 원조가 되는 발명품을 얘기하지 않을 수 없다. 유럽에서 대세를 이룬 수차는 수직형이었지만, 프랑스 남부, 스페인, 포르투갈 등에서는 낙차를 만들 수 있는 지형이 많지 않고 수자원도 풍부하지 않아 수평형 수차를 사용하였다. 그런데, 1827년 프랑스에서는 이 수평형 수차의 비효율성을 개선하기 위해 '터빈(turbine)'이라는 변형이 발명되었다.

브누아 푸르네롱(Benoît Fourneyron)이라는 기술자는 수평형 수차 바퀴를 바람개비 날개 모양으로 만들어 경사진 수도관에 넣고 물을 위에서부터 흘려 내렸다. 우리나라 고속도로 휴게소에서 볼 수 있는 회오리 감자처럼 생긴 이 구조물은 수평형 수차보다 효율이 훨씬 더 좋았다. 이 새로운 형태의 수차는 몇 년 지나지 않아 남부 유럽에 2천여 기가 설치되었고, 증기 기관이 보편화된 뒤에도 석탄 자원이 풍부하지 않은 스위스와 독일 산간 지역에 널리 보급되었다.

그리고, 1880년 영국에서는 이 터빈을 이용한 세계 최초의 수력 발전소가 건설되었다. 오늘날 수력 발전의 핵심 부분인 터빈의 모태는 수직형 수차라기보다 수평형 수차라고 하겠다.

전성기의 역설

　수차는 19세기에 전성기를 맞이했지만, 그 생태계 내부에서는 쇠락을 예고하는 씨앗들이 잉태되고 있었다. 수차 운용의 가장 큰 원동력인 수자원을 둘러싼 분쟁이 가장 큰 씨앗이었다. 18세기 영국의 산업화를 촉발시킨 방직산업이 성장하면서, 방직공장들은 수자원이 풍부한 산간 계곡으로 찾아 들어갔다. 이들 공장은 수자원을 구하기 위해 점점 계곡 상류로 올라갔는데, 하류에 먼저 들어와 있던 방직공장들과 상류에 늦게 들어온 공장들이 수자원을 두고 분쟁을 치러야 했다.

　상류에 들어선 공장들이 수로를 변경하거나 수자원을 과도하게 사용함으로써 하류에 있던 공장들이 사용할 수 있는 수자원이 줄어든 것이다. 중세에는 영주들이 수차를 지배했기에 이런 분쟁은 보기 드물었지만, 근대들어 경제적 자유가 허용되면서 수자원을 확보하려는 경쟁이 벌어진 것이다.

　유럽에는 로마법에 근거하여 수자원을 모두가 자유롭게 이용할 수 있다는 믿음이 있었다. 로마법 전통인 '우선권 원칙'에 따르면, 하천 유역에 먼저 들어선 수차가 물을 우선적으로 사용할 수 있는 권리를 갖는 반면, 나중에 들어선 수차는 물을 끌어들이기 위해 계곡 유역을 함부로 변경할 수 없다는 원칙이 확립되어 있었다. 사실, 이전의 수차들은 출력이 작아 필요한 수자원의 규모도 크지도 않았고, 중세적 영향에 의해 이 우선권 원칙이 그런대로 잘 지켜지는 편이었다.

하지만, 18세기 말과 19세 초 수자원을 확보하려는 경쟁이 치열해지면서 이 우선권 원칙은 지켜지기 어려워졌고, 수많은 분쟁을 거치면서 '선점권(first occupancy)' 원칙이 대두되었다. '선점권'은 자연 상태의 수자원을 먼저 확보한 사람에게 권리를 인정하는 것이었다. 새로운 원칙이 도입되면서 영국의 수차 생태계는 혼란이 가중되었다. 공장들은 수자원을 확보하기 위해 경쟁적으로 댐과 수문을 설치하였고, 수자원 확보에 어려움을 겪는 공장들은 상류로 올라가 공장을 지을 수 없는 지점까지 갔다.

나중에 들어선 공장들이 상류에서 물을 먼저 사용해버림으로써 하류에 들어선 공장들은 물 부족 사태를 겪는, 일종의 에너지 공급 부족 현상이 발생한 것이다. 새로운 원칙은 도입되었지만, 새 원칙이 에너지 부족 현상을 해결해주는 것은 아니었으며, 이는 곧 새로운 에너지원이 필요하다는 점을 암시하고 있었다. 즉, 석탄을 받아들일 여건이 만들어지고 있었다고 하겠다.

식민지로 간 수차

19세기 증기 기관이 보편화되기 전까지 서구 경제의 주력 에너
지원으로 자리 잡은 수차는 유럽에만 머물지 않고, 세계 여러 지역
으로 퍼져나갔다. 마치 로마의 영역이 확장되면서 수차가 전파되
었듯이, 1600년대 중반 서구 국가들이 식민지를 경쟁적으로 확대
하면서, 수차는 식민지 개척 경로를 따라 확산되었다. 식민지 시절
농업 국가였던 미국에서는 곡물 생산과 제분이 큰 관심사였다.

수차는 이 목적에 부합했고, 그 수요는 적지 않았다. 미국에
서도 수차는 산업용으로 이용되었다. 1759년 나이아가라 폭포
(Niagara Falls)에 수차가 설치되어 제재소가 운영되었고, 1820년대
에는 매사추세츠(Massachusetts)주에 소재한 10여 곳의 섬유 공장들
이 대형 수차를 돌려 면직물을 생산하였다. 영국 등 유럽에서 볼
수 있던 광경들이 그대로 재현된 것이다.

신대륙, 특히 미국에서는 유럽과 달리 수차 도입 초기부터 상
업용 수차가 등장했다. 신대륙으로 향한 이민자들은 유럽 대륙에
만연한 영주 독점권에서 벗어나려는 목적이 강렬했고, 미국에는

구대륙에 존재했던 억압적이고 약탈적인 봉건 경제 체제가 애초부터 존재하지 않았다.

이런 정치적, 경제적 여건 하에 미국 농업 중심지에는 사용료를 지불하면 누구나 이용할 수 있는 수차가 건설되었고, 제분을 전문으로 하는 사업가도 등장하였다. 미국 농부들은 유럽과는 달리 권력의 강요가 아니라 경제적 이익을 위해 자발적으로 사용료를 지불하고 수차를 이용했는데, 농경지가 개척되면 어김없이 상업용 농업 수차가 들어섰다. 이 상업용 수차가 미국 농업 생산에 크게 기여했다는 사실은 의문의 여지가 없다.

수차는 서구의 식민 통치를 받았던 모든 지역으로 전파되지는 않았다. 아시아, 아프리카 등에도 유럽의 지배를 받는 식민지가 많았지만, 미국, 호주 같은 신대륙과는 달리 수차는 크게 보급되지 않았다.

남미도 오랜 기간 유럽의 식민 지배를 받았지만 수차 이용은 활발하지 않았다. 아마도 서구 식민 개척민들은 인건비가 싼 현지 인력을 이용하는 것이 수차를 건설하는 것보다 경제적이라고 판단했던 것 같다. 또한, 당시 교통 사정을 고려하면, 유럽에서 수차 제작 기술자를 식민지로 데리고 오는 것도 쉽지 않았을 것으로 짐작되는데, 이 역시 수차 기술이 이 지역으로 확산되지 않았던 요인으로 추정된다.[10]

중국의 미스터리

　수차가 활발하게 사용되지 않았던 지역에는 중국도 포함된다. 중국은 유럽 못지않게 오래 전부터 수차를 다양하게 사용했다는 기록이 있다. 기원전 2세기에 대형 물레방아를 돌려 곡물을 빻았다는 기록이 있고, 6세기 대장간에는 수차로 작동하는 기계식 해머가 등장했으며, 8세기에는 제철용 용광로에 공기를 불어넣는 풀무질을 수차가 했다고 한다.

　13세기말 중국 북부 비단 생산 지역에서는 비단실을 뽑는 데 수차를 이용한 기계가 사용되었다는 기록도 남아 있다. 이런 점들을 감안하면, 중국의 수차 기술은 유럽 못지않았던 것으로 짐작된다.

　중국이 유럽에 못지않은 기술을 보유하였음에도 불구하고, 그 기술이 계속 사용되지 못하고 사라져버렸다는 사실은 놀라운 일인 동시에 수수께끼이다. 용광로 풀무질용 수차의 경우, 유럽보다 훨씬 일찍 발명되었지만, 1800년대 중국 용광로의 대부분은 인력이 풀무질을 했다.

　또한, 13세기경 수차로 가동되었던 비단 방적 기계들은 종적을 감춘 것으로 알려지고 있다. 중국인들도 수차에 기반을 둔 기계가 인력을 크게 절감할 수 있다는 점을 알았을 것으로 짐작되지만, 유럽과는 달리 수차에 의한 에너지 생산이 중국 전역으로 확산·발전되지 못하고 단절된 점은 미스터리다.

중국에서 수차가 광범위하게 사용되지 못했던 첫 번째 요인은 중국의 자연 조건에 있었다. 중국은 계절에 따라 강수량 차이가 많이 발생하여 수차 설치가 쉽지 않았다. 수차를 효율적으로 가동하기 위해서는 연중 일정한 유량이 끊이지 않고 안정적으로 공급되어야 하는데, 중국의 여름은 장마로 유량이 넘쳐 나는 반면, 겨울은 가뭄으로 물 공급이 크게 줄어든다.

이런 강수 변화를 극복하기 위해서는 각종 기반 시설을 건설하여 유량 공급을 안정화시켜야 하는데, 여기에 투입되는 자원을 조달하기 어려웠을 것으로 추정된다.

중국은 장마와 태풍으로 강 유역이 침수되거나 유역이 변경되는 경우가 잦은데, 이 또한 설치해 놓은 수차와 관련 시설을 파괴하는 결과를 갖고 올 수 있다. 지난 수천 년간 홍수로 인해 황하 유역이 여덟 번이나 변경되었다고 한다. 이렇게 물길이 변경되면 그 주변에 있던 각종 시설은 물론이고, 도시마저도 흔적 없이 사라져 버린다.

이에 더해, 중국 하천은 토사 등 부유물이 많아 강바닥에 침전물이 많이 쌓이며, 이렇게 쌓인 토사를 준설하는 비용도 만만찮았다. 중국이 수차와 관련된 기술이 유럽과 최소한 동등하거나 더 뛰어났을지라도 유럽 산업혁명의 전조가 되었던 수차가 중국에서 적극 사용되지 못했던 근저에는 이런 자연적인 제약이 있었던 것으로 이해되고 있다.[11]

자연적 요인 외에 중국 지배층이 수자원에 갖고 있던 인식도 수차에 의한 에너지 생산을 가로막은 요인이었다. 중국을 위시한 벼농사를 짓는 아시아 국가들은 벼농사에 물을 공급하는 것을 중요시했다. 그래서, 저수지를 만들고, 홍수를 예방하는 제방을 쌓는 등 관개와 치수를 경제 운영의 핵심으로 삼았다. 이를 위해 농민들을 대규모로 동원할 수 있는 강력한 왕권이 등장하여 아시아 특유의 동양적 전제주의(Oriental Despotism)가 출현했다는 주장이 제기되기도 했다.

이런 수자원의 중요성에 입각하여 중국도 유럽과 유사하게 양쯔 강 유역에 운하 시스템을 건설하기도 했다. 하지만, 이런 운하는 조세를 거둬들이고 물자를 운송하는 데 주로 사용되었고, 수차를 위한 수원지로는 활용되지 않았다.[12] 즉, 유럽처럼 운하를 다양한 용도로 사용하지 않고 제한된 목적으로 사용했던 것이다. 중국 지배층은 중세 유럽 영주들과는 달리 수차를 단순 반복적인 생산 활동을 대체하는 에너지 공급 수단으로까지 인식하지 못했다고 하겠다.

바람을 이용한 기계

풍차는 바람을 풍력 에너지로 전환하는 장치이다. 수차가 흐르는 물의 낙차가 만들어 낸 힘을 이용하여 에너지를 생산하듯이, 풍차는 공기의 흐름, 즉 바람에서 에너지를 추출해낸다. 태양열이 대기를 데우면 지표면의 상이한 조건에 따라 온도 차이가 발생하고, 공기의 압력도 변하게 되며 이로 인해 생기는 지역 간 기압 차이가 공기 흐름을 만든다. 풍차는 이 공기 흐름에서 에너지를 추출하는 시설이다. 풍차 역시 수차와 마찬가지로 자연으로부터 에너지를 생산하는 친환경적 에너지 생산 방식이다.

풍차와 수차는 얼핏 보면 완전히 다른 장치로 보이지만 비슷한 점도 많다. 풍차는 바람이 많은 바닷가에 주로 설치되는 반면, 수차는 물이 풍부하고 일정한 표고차가 존재하는 내륙에 적합하다. 이들은 물과 바람이라는 상이한 현상을 이용하는 점에서는 달라 보이지만, 영원히 고갈되지 않을 것 같은 자연 에너지원에 의존하는 점은 비슷하다.

이 외에도 수차와 풍차에 사용되는 부품도 닮은 점이 많다. 수차는 물을 공급하는 수도관, 떨어지는 물을 받아내는 바퀴(wheel), 그리고 바퀴와 연결된 축과 이에 장착된 각종 도구로 구성되어 있다. 풍차도 바람을 모으는 바람개비, 바람개비가 돌리는 축 그리고 그 축에 장착된 각종 작업 도구들로 이뤄진다. 풍차는 수차보다 늦게 사용되기 시작했지만, 이런 유사한 구조에 근거하여 수차에서 사용된 부품들이 풍차로 많이 유입된 것으로 보고 있다.

풍차에도 수차처럼 수평형과 수직형이 있다. 수평형 풍차는 바람개비가 수평으로 회전하는 방식인데, 우리에게는 몹시 낯선 구조이다. 이 수평형 풍차는 호라산(Khorasan)이라고 불리는 이란 동부와 아프가니스탄 서부 지역에서 발원한 것으로 알려지고 있다. 이 지역은 바람이 많은 초원과 사막 지대여서 풍차를 활용하기에 좋은 자연 조건을 갖추고 있다.

'바람과 모래의 땅'으로 묘사되는 호라산 지역은 늦봄과 초여름 4개월간 바람이 쉼 없이 불고, 풍속이 최고 초속 45m에 이르는 것으로 알려져 있다. 이 지역이 오랜 기간 페르시아 제국의 지배를 받은 역사적 사실에 근거하여 수평형 풍차를 페르시아형 풍차라고도 부른다.

수평형 풍차는 높이 6m 정도 되는 벽을 두 줄로 쌓아 바람길을 만들고 그 끝에 바람개비를 설치한다. 수직 기둥에 바람개비를 달아, 바람길을 따라 들어 온 바람이 바람개비를 수평으로 돌린다. 수차의 수도관을 연상시키는 바람길은 흙으로 만들어졌고, 바람개비는 갈대처럼 무게가 가벼운 재질로 만들었다.

수평으로 돌아가는 풍차 축 밑에 맷돌 등의 도구를 설치하여 곡물을 빻았는데, 맷돌 설치 공간이 점점 커지면서 방앗간과 같은 역할을 했다. 이 풍차는 맷돌뿐만 아니라 물을 퍼 올리는 바퀴도 설치하여 정원 등에 물을 공급하는 용도로도 사용되었다.

1963년 이 지역을 방문한 기록에 의하면, 당시까지 이런 종류의 풍차 약 50대가 사용되고 있었다고 한다. 바람이 많이 부는 4개월은 하루 24시간 풍차가 돌아가는데, 하루에 약 1톤의 곡물을 빻았다. 당시 방문자들은 초속 30m의 풍속에 기초하여 이 풍차의 출력을 75마력(hp)으로 추정하였는데, 이 정도 출력은 오늘날 경차 수준의 힘과 비슷하다.

하지만, 기체 역학을 기반으로 추정한 것에 의하면, 이 출력은 과장된 것으로 평가되며 실제 출력은 15마력 정도로 추정되고 있

호라산 지역에 복원된 수평형 풍차(출처 테헤란 타임즈)

다. 풍차의 출력에 대한 이견은 있지만, 수평형 풍차는 호라산 지역에서 거의 천년 이상 원형을 유지하며 사용되어 온 점은 사실로 받아들여지고 있다.[13]

이에 비해 우리가 그림이나 영화에서 흔히 보는 풍차는 수직형 풍차이다. 12세기부터 20세기까지 약 800년간 네덜란드, 영국, 프랑스, 스페인 등에서 주로 사용된 수직형 풍차는 바람개비가 수직으로 세워져 회전한다. 호라산에서 볼 수 있는 수평형 풍차의 바람개비가 수평으로 회전하는 것과는 매우 대조적이다.

수직형 풍차에는 기둥(post)형과 탑(tower)형이 있다. 기둥형은 땅에 큰 나무기둥을 세우고, 기둥 꼭대기에 바람개비를 설치한다. 바람개비 바로 밑에 맷돌을 설치하여 각종 곡물을 빻는데, 상부 구조가 무겁고 바람에 쓰러질 가능성이 있어 보조 기둥 여러 개를 설치하여 구조물 전체를 버텨준다. 구조가 간단한 만큼 맷돌 한 대 정도를 돌릴 수 있는 출력에 불과했다. 하지만, 보조 기둥 위에 덮개를 씌운 공간을 만들어 곡물, 밀가루, 장비 등을 보관하는 창고로 사용하여 풍차의 활용도를 높였다.

탑(tower)형은 기둥형보다 기술적으로 훨씬 발전된 풍차이다. 기둥형 풍차는 하부 구조가 약하여 쉽게 쓰러질 수 있는 단점을 갖고 있다. 이에 비해, 탑형은 벽돌로 집을 지어 하부 구조를 튼튼하게 만들고, 그 위에 풍차를 설치했다. 단단한 하부 구조 덕분에 탑형 풍차는 크기가 눈에 띄게 커졌다.

풍차의 출력은 바람개비에 씌운 천(cloth)을 펼치거나 접어서 조절하는데, 기둥형의 경우, 바람개비의 크기가 작아 날개 천을 조절하기 위해서는 사다리를 타고 바람개비가 있는 곳까지 올라가야 했다. 반면, 구조가 튼튼한 탑형은 바람개비 날개 끝이 땅에 닿을 정도로 날개가 커졌다. 그래서 풍차 날개 끝을 지상 가까이 내려오게 하여 날개 천을 조절할 수 있어 기둥형에 비해 다루기가 훨씬 편했다.

또한, 탑형은 안정적인 구조 덕분에 바람개비의 갯수를 늘릴 수도 있었다. 기둥형의 바람개비 날개가 통상 네 개인 데 비해, 탑형은 여덟 개까지 설치할 수 있었다. 당연히 탑형 풍차 출력이 기둥형보다 훨씬 높았다.

영국의 탑형 풍차(출처 트링 지역 주변의 풍차).　　기둥형 풍차(출처 트링 지역 주변의 풍차).

풍차 기원의 역사

인류가 사용한 최초의 풍차는 앞에서 언급한 호라산 지역의 수평형 풍차이다. 10세기 초에 작성된 페르시아 기록에 의하면 644년에 수평형 풍차가 이미 사용되었다고 한다. 일부에서는 이보다 더 이른 시기에 이집트에서도 풍차가 사용되었을 것으로 추정하기도 하지만, 확정적인 증거는 없다.

현재 남아 있는 실물과 기록에 근거하여, 7세기에 사용된 수평형 풍차는 큰 변화 없이 현재까지 전해지고 있다. 시간의 경과에도 불구하고, 이 지역 수평형 풍차는 큰 기술적 진보를 이뤄내지 못한 것이다.

유럽에서 주로 사용된 수직형 풍차는 지역마다 조금씩 차이가 있었다. 그리스 등 지중해 연안이 수직형 풍차를 처음 사용한 것으로 추정된다. 돌로 만든 2층 탑에 바람개비와 맷돌을 설치하고, 수차처럼 곡물을 빻는 데 주로 사용되었다. 지중해 풍차는 로마 시대에 사용된 수차와 기계적으로 유사했다. 고대 로마의 기술자 비트루비우스가 남긴 '건축학'에 나오는 수차 부품들이 조금 변형

되어 사용된 것이다.

　12세기부터 북서 유럽에서 주로 사용된 수직형 풍차는 북해 인접 지역에서 많이 사용되었다. 북해는 거친 파도와 강한 바람으로 유명한데, 이곳의 풍부한 바람은 풍차를 이용하여 에너지를 생산하기에 안성맞춤이었다.

　영국에서는 1137년 남부 레스터(Leicester)에 최초의 기둥 형 풍차가 설치되었다는 기록이 있다. 지표면의 높낮이가 심하지 않은 이 지역은 수차 설치에 필요한 낙차를 확보할 수 없어서 풍차가 대안으로 활용되었다. 1179년 동부 링컨셔(Lincolnshire)주의 수도원이 그 지역 풍차에 대한 독점적 소유권을 갖고 있었다는 기록을 감안하면, 영국에서는 12세기 중반 이전부터 풍차가 사용되었다고 하겠다. 그리고 13세기 말이 되면 기둥형 풍차는 네덜란드, 벨기에, 프랑스, 스페인, 독일 등 유럽 대륙 여러 곳으로 전파되었다.[14]

　풍차로 유명한 네덜란드에는 영국보다 늦은 1400년대부터 풍차가 대량으로 보급되었다. 네덜란드는 육지가 해수면보다 낮은 저지대일 뿐만 아니라, 라인 강 하류에 위치하고 있어, 잦은 홍수를 겪던 지역이다. 국토의 25%가 해수면보다 낮고, 65%가 홍수로 침수되는 지역으로 국토 대부분이 습지, 호수, 늪을 메워 만들어졌다. 더욱이 네덜란드는 연간 770mm의 강우량을 보이지만, 증발량은 강우량의 2/3에 불과한 평균 500mm여서 지하 1.5m만

파내려가도 물이 나올 만큼 지반이 많은 물을 머금고 있다.

네덜란드 풍차는 기본적으로 탑형이지만, 탑은 벽돌이 아니라 나무로 만들어졌다. 네덜란드 저지대는 인공으로 만들어진 간척지로서 장기간 배수를 통해 지하수를 빼내지 않으면 지반이 가라앉았다. 이런 연약한 지반 위에 무거운 벽돌로 풍차를 지으면 지반 침하는 물론이고 풍차는 균형을 잃게 되어 무너질 가능성도 높았다. 이런 우려 때문에 탑을 나무로 만든 것 외에, 조금이라도 무게를 줄이기 위해 바람개비를 범포(sail)가 아니라 양철이나 기름을 먹인 질긴 종이와 같은 가벼운 소재로 제작하였다.[15]

풍차 전파의 논란

풍차는 영국, 네덜란드, 덴마크 등 바람이 많은 북해 연안에 위치한 지역에서 주로 사용되었지만, 독일, 스페인 등 내륙에서도 사용되었다. 이런 광범위한 사용에도 불구하고 그 기원은 아직까지 정확하게 규명되어 있지 않다. 일부에서는 수차가 수평형에서 수직형으로 발전하였듯이, 풍차도 수평형에서 수직형으로 변했다고 주장한다.

7세기 호라산에서 수평형 풍차가 사용됐다는 기록에 근거하여, 페르시아에서 사용되었던 수평형 풍차가 비잔틴 제국으로 전해졌고, 12세기 십자군 전쟁에 참전한 군인과 영주들이 이를 발견하고는 유럽으로 갖고 왔다는 것이다. 이 시기 영국에 설치되었던 기둥형 풍차는 십자군 원정을 통해 페르시아형 풍차에서 영감을 받은 것으로 추정된다.

이 외에, 지중해를 오가던 북유럽 무역상들이 페르시아 풍차를 북서 유럽으로 갖고 갔다는 주장도 있다. 이런 주장에는 아랍 문화가 중세 유럽 과학 기술 발전에 큰 영향을 미쳤다는 일반적

인 인식이 밑바닥에 깔려 있지만, 정확한 근거가 있는 것은 아니다.[16]

풍차의 호라산 기원설에 대한 반론은 만만찮다. 반대론자들이 들고 있는 핵심 근거는 호라산의 수평형 풍차와 북서 유럽의 수직형 풍차의 중간 형태에 해당하는 풍차가 존재하지 않는다는 것이다. 북유럽과 호라산의 중간 지대라고 할 수 있는 지중해 연안에 수평형 풍차가 존재하지만 이 수평형 풍차는 호라산의 수평형 풍차보다는 북유럽의 기둥형 풍차에 가깝고, 로마 시대 비트루비우스가 기록한 수평형 수차 구조와 유사하다. 또한, 풍차가 가장 발달한 북서 유럽에서는 수평형 풍차의 흔적이 나타나지 않는다는 것이다.

즉, 풍차의 황금 삼각지대라고 불리는 영국 동부, 프랑스 북부 연안 및 네덜란드에서는 수평형 풍차를 발견할 수 없으며, 심지어 이들 지역의 풍차는 페르시아의 수평형 풍차와는 아무 관련 없이 독자적으로 발전해 왔다는 것이다. 마지막으로 수차와 달리 풍차의 발전 과정을 증명할 역사적 기록이 부족하다는 점도 반대론자의 주장에 힘을 실어주는 요인이 되고 있다.

더 나아가, 북서 유럽의 수직형 풍차와 호라산의 수평형 풍차는 구조적으로나 기계적으로도 유사성을 찾아보기 어렵다. 페르시아의 수평형 풍차는 바람을 모으기 위해 바람길을 만들었지만, 수직형은 그런 구조물이 없다. 특히, 바람의 방향이 수시로 바뀌는 북해 연안에서는 이런 고정된 바람길을 사용할 수 없었다.

또한, 수평형은 바람개비 재료로 가벼운 갈대를 사용했지만, 갈대로 만든 바람개비가 바람을 제대로 담아내지 못하기 때문에 수직형 풍차에는 갈대를 사용하지 않았다. 마지막으로 유럽의 수직형 풍차에 사용된 기계 부품은 페르시아 수평형에 비해 매우 정교하고, 수차에서 사용된 부품들과 동일한 것들을 사용하였다. 오히려, 수직형 풍차는 수평형 수차를 수직으로 세워놓은 것과 매우 흡사한 점을 근거로 수평형 수차에서 유래된 것으로 보기도 한다.

수직형 풍차와 수평형 풍차가 유체 공학적 관점에서 갖는 과학적 원리가 완전히 다르다는 점도 거론된다. 호라산의 수평형 풍차 바람개비는 바람길을 따라 들어온 바람에 의해 회전하는 구조이지만, 북서 유럽의 수직형 풍차는 바람길을 따라 들어온 맞바람으로는 풍차 바람개비가 회전할 수 없다. 회전을 위해서는 바람개비 날개가 일정 각도 이상으로 비틀어져 있어야 한다.

중세 초기 이런 유체 공학적 원리를 과학적으로 이해하지 못했던 풍차 관리자들이 이런 과학 원리를 찾아내기까지 수많은 시행착오를 거쳤을 것으로 추정된다. 두 풍차의 과학적 원리가 이렇게 동일하지 않았다는 점도 서유럽 수직형 풍차가 페르시아의 수평형 풍차와는 상관없이 독자적으로 발전했다는 주장의 근거가 되고 있다. 이런 연유로 수직형 풍차는 11세기 영국에서 발명된 것으로 이해되고 있다.[17]

바람이 많은 북해 연안이 풍차의 최적지였지만, 다른 지역에서도 바람만 있다면 풍차가 어김없이 설치되었다. 특히, 수자원이 풍부하지 않아 수차를 사용하지 못한 남유럽에서 풍차가 많이 활용되었는데, 소설 돈키호테의 배경이었던 스페인이 가장 대표적인 지역이다. 1605년에 발간된 이 소설 도입부에는 주인공 돈키호테가 평원에 서있는 풍차를 향해 돌진하는 모습이 나온다.

이 장면의 무대가 된 라만차(La Mancha)는 스페인 중남부에 위치한 해발 약 600m의 고원 지대로 바람이 많은 지역이다. 고원 지대 특성상 물은 귀한 반면, 바람은 풍부한 편이어서 풍차를 설치하기에는 제격이었다.[18]

돈 키호테의 무대 라만차 지역 풍차 단지 모습(출처 브리타니카)

이외에도 풍차는 겨울철 기온이 급격히 떨어져 물이 쉽게 얼어버리는 북유럽에서도 사용되었다. 영국 북부에 위치한 스코틀랜드가 대표적이다. 이 지역은 북위 55도 이북에 위치하면서 북해와 면해 있는데, 바람이 세고

얼음이 어는 겨울에 풍차가 주로 이용되었다. 이런 연유로 중세 시대 풍차는 수차의 보조 수단으로 인식되기도 했다.

풍차는 무리를 이뤄 설치되었다. 수차가 계곡을 따라 더 이상 설치할 공간이 없을 때까지 들어선 것처럼 풍차도 동일 지역 내에 여러 대씩 대량으로 설치되었다. 소설 돈키호테에 나오는 라만차 평원에는 30~40대의 풍차가 설치되어 있는 것으로 작가 세르반테스는 묘사하고 있다. 돈키호테는 비록 소설이지만, 중세 말 이 지역에 풍차가 이미 광범위하게 보급되었고, 소규모가 아닌 일종의 풍차 단지(complex)를 이룰 만큼 대규모로 지어졌다는 것을 보여준다. 바람 여건만 맞으면 풍차는 몇 십대씩 설치하여 규모의 경제를 달성했던 것으로 보인다.

풍차와 수차는 경쟁 관계에 있었던 것은 아니지만, 경제적 측면에서는 각각의 장단점이 있었다. 우선, 풍차는 수차에 비해 건설비용이 쌌다. 수차는 수차 외에 저수지, 수도관 등 여러 부대시설이 필요하여 건설에 상당히 많은 투자가 필요했다.

이에 비해, 풍차는 이런 기반시설들이 필요치 않아 건설비용이 수차에 비해 훨씬 적게 들었다. 하지만, 풍차는 수리 및 운영 비용이 많이 들었던 것으로 알려지고 있다. 수차의 경우, 수입의 20% 정도가 수리비용으로 사용된 반면, 풍차는 30~35% 정도 들었다고 한다. 그런데, 풍차의 수입이 수차의 절반에 불과했던 점을 감안하면, 풍차는 수차보다 경제성이 나빴던 것으로 추정된다.

그래서 풍차 소유주들은 풍차를 수리할 때, 주변에서 구할 수 있는 나무를 이용하고 부품을 재활용하는 등 수리비를 아끼려는 노력을 많이 했다고 한다.

수차와 유사한 풍차의 역할

풍차의 발전 과정은 수차와 매우 유사한 면을 갖고 있다. 초기 수차가 제분용으로 사용된 것처럼, 풍차도 곡물을 빻는 데 주로 사용되었다. 제분용 풍차는 구조가 간단했다. 기둥형 풍차는 대형 맷돌을 지상으로부터 높이 올라간 공간에 설치할 수 없어, 대용량의 제분은 불가능했다.

그런데, 바람개비가 만든 동력을 지상으로 보내는 굴대와 회전 운동을 수직 운동으로 바꾸는 톱니바퀴 캠(cam) 등이 개발되면서 바람개비 바로 밑에 두었던 맷돌을 지상에 설치할 수 있게 되었다. 맷돌이 지상으로 내려오면서 풍차 상부의 하중이 가벼워졌고, 바람개비 크기를 더 키워 출력을 더 낼 수 있게 되었다.

네덜란드에서는 간척지가 개척되면 고인 물을 빼내고 지하수위를 조절하기 위해 배수 시설을 즉시 설치해야 했다. 그래서, 풍차가 배수용으로 사용되었다. 초기 배수용 풍차는 국자(scoop)처럼 생긴 도구를 매달아 간척지에 모인 물을 퍼냈다. 이는 수직형 수차 구조와 매우 유사했다. 이후 펌프가 발명되면서 효율이 낮은 국자는 펌프로 대체되었지만, 펌프를 가동하는 에너지는 여전히 풍차가 공급했다. 배수용 풍차는 바람 이외에 다른 에너지원이 필요치 않아 오늘날에도 네덜란드에서 사용되고 있다.

기계 제작 기술과 관련 지식이 발전하면서, 풍차 역시 농업용 외에 산업용으로도 확대되었다. 이렇게 풍차 용도가 늘어난데는 수차에서 개발된 부품들이 크게 기여하였다. 수차는 다양한 기능의 톱니바퀴를 사용하여 회전 운동을 수평 운동, 왕복 운동 등으로 전환하는 데 성공하였는데, 이런 부품들이 그대로 풍차에도 사용되었다.

제재업, 제지업 외에 기름을 생산하는 착유기 그리고 유리 가공 등이 풍차를 활용한 대표적인 분야이다. 이런 다양한 용도 덕분에 수차를 보유하지 못한 지역에서도 풍차를 이용하여 단순 반복 작업을 기계로 대체할 수 있었다.

18세기가 되면 풍차는 '위대한 시대'로 접어든다. 이 시기 건설된 풍차들은 엄청난 규모를 자랑하는데, 1743년 네덜란드 레이던 (Leiden) 시에는 높이 30m, 날개 지름 27m, 벽돌 300만 장으로 만들어진 풍차가 설치되었다. 이 풍차는 내부 구조가 7층으로 이뤄졌는데, 1, 2층은 작업 인부 숙소, 3, 4층은 창고, 5층은 맷돌 4대가 설치된 작업실, 6층은 곡물 보관 창고 그리고 7층은 풍차를 조작하는 복잡한 기계들이 들어있는 기계실이었다.

이처럼 네덜란드 풍차 역시 당시 영국에서 건설된 수차 못지

않게 정교한 목재 기계부품을 사용했고, 맷돌 4 대를 동시에 돌릴 수 있을 만큼 출력도 강력했다. 이뿐만 아니라, 레이던에 건설된 제재용 풍차는 지름 1m 목재를 가공할 정도로 출력이 강력했다.

19세기는 석탄에 의한 산업혁명이 본격화되는 시기였지만, 14세기부터 사용되기 시작한 네덜란드 풍차는 19세기 중반에 전성기를 맞이했다. 이 시기에 풍차는 석탄과 석유의 도전에도 불구하고 건설을 멈추지 않았고, 19세기 말까지 지속적으로 그리고 대량으로 지어졌다. 19세기 유럽 전역에는 약 20만 대의 크고 작은 풍차가 있었던 것으로 추정된다. 네덜란드에 18,000대, 영국에 10,000대, 독일에 18,000대가 있었다.

특히 '풍차의 나라'라고 불리는 네덜란드는 석유를 연료로 사용하는 내연기관이 본격적으로 보급된 1920년대에도 풍차를 건설했는데, 41,000㎢ 좁은 국토에 그렇게 많은 풍차를 가동했다는 사실에 놀라지 않을 수 없다. 오늘날에도 네덜란드는 천 대 이상의 풍차를 사용하고 있다.

바람의 소유권

풍차가 유럽에서 발전한 과정은 수차와 유사하지만, 사회적 배경은 상당히 달랐다. 중세 영국에서 수자원에 대한 권리는 국왕의 전유물이었으며, 국왕은 이 권리를 지역 지배자였던 영주나 교회에 부여했다. 지역 귀족들은 국왕으로부터 인정받은 권리에 근거하여 수차를 건설했는데, 이는 결국 에너지를 생산할 수 있는 법적 권리를 귀족들에게 부여했다는 의미였다. 이에 따라 수자원의 소유권은 귀족을 중심으로 철저하게 보호되었다. 이에 비해 바람은 귀족들이 권리를 철저하게 주장하거나 보호하지 않았던 새로운 자원이었다.

고대 로마법 체계를 수용한 중세 유럽은 바람과 같은 자원에 대해서는 공유의 원칙을 준수하였다. 로마법은 바람, 공기, 바다, 흐르는 물과 같은 자연이 준 선물은 모든 사람이 소유할 수 있다고 봤다. 이에 따라 6세기에는 탈곡장 주변에 건물을 세울 수 없다는 원칙이 확립되기도 했다. 즉, 바람으로 곡식 껍질을 날리는 탈곡장 부근에 건물이 세워지면 바람 흐름을 방해하여 바람을 제

대로 이용할 수 없다는 것이었다.[19]

　중세에는 공유 자원에 대한 로마법적 법리가 정립되어 있었지만, 풍차 보급이 늘면서 이와 관련된 분쟁이 빈발했다. 1180년 영국 중산층 출신의 한 사업가는 바람이 주는 공짜 혜택은 어느 누구에게도 부인되어서는 안 된다고 주장하기도 했지만, 현실은 그렇지 않았다. 1191년 영국 동부 해안 지방 노리치(Norwich)에서 발생한 풍차 소유권 분쟁이 그랬다.

　이 지역을 지배했던 수도원장은 자신의 지배 하에 있던 한 영주가 허락 없이 풍차를 설치했다는 사실을 알고는 풍차를 파괴할 것을 지시했다. 이에 영주는 바람의 소유권은 모든 사람에게 허용된다는 법리를 들면서 자신은 풍차를 설치할 권리가 있다고 맞서면서도, 풍차를 자가 소비용 곡물을 빻는 데만 사용하겠다는 타협안을 제시하기도 했다. 하지만, 수도원장은 풍차에 대한 자신의 독점권이 와해되면 여타 지역 풍차에서 들어오는 수입도 줄어들 것을 우려하여 이 영주의 타협안을 거절하면서 분쟁이 장기간 계속되기도 했다.[20]

　영국보다 풍차가 더 적극적으로 활용된 나라는 네덜란드이다. 여기에는 풍력에 대한 법적 지배권이 네덜란드가 더 유연하게 확립된데도 원인이 있었다. 네덜란드 내륙 농촌에서는 지역 영주가 풍차에 대한 독점권을 보유하였지만, 영주는 임대료나 세금을 받고 농민들에게 풍차를 설치할 수 있도록 허용하였다. 또한 영주들은 풍차의 원활한 운영을 위해 풍차 주변에 바람길을 막는 행위를 법으로 금지하였다.

이에 따라 풍차 간 간격이 100m로 설정되는 등 풍차의 합리적 이용을 옹호할 정도로 영주들은 유연하였다. 바닷가 저지대의 경우, 농지를 간척하려는 농민들에게 풍차는 필수 기반 시설이었고, 풍차 없는 간척은 불가능했다. 이런 연유로 간척지 풍차에 대해서는 세금을 거두지 않은 것으로 알려지고 있다.

자연의 한계

서유럽에서 풍차가 대량으로 보급된 것은 사실이지만, 바람이 갖는 간헐성이라는 근본적인 한계를 극복하지는 못했다. 바람은 항상 일정하게 불어주지 않고 수시로 중단되며, 바람의 방향과 세기도 일정치 않다. 수차는 댐을 건설하여 수량을 조절함으로써 에너지를 지속적으로 생산할 수 있는 조건을 만들 수 있었지만, 풍차의 경우, 바람을 저장하는 시설을 만드는 것은 상상도 할 수 없었다.

또한 초기 기둥형 풍차는 기계적 구조가 조악하고, 윤활유도 개발되지 않아 초속 7m 이상의 바람이 불지 않으면 무용지물이었다. 반면, 초속 10m 이상의 강풍이 불면 바람이 너무 강하여 바람개비의 범포를 줄여 오히려 출력을 낮춰야 했다. 이런 한계 때문에 당시 풍차는 하루 5시간 내지 최대 7시간 정도 가동된 것으로 추정된다. 그리고 장소에 따라 풍량이 달라지는 것도 문제였다. 동일한 풍차 단지 안에서도 30~50m 정도만 떨어져도 풍속은 50% 이상 차이를 보였다.

수차와 비교했을 때, 풍차는 출력이 현저히 낮았다. 중세 풍차는 동일한 크기의 수차와 출력에 있어 큰 차이가 없었던 것으로 알려져 있다. 그런데, 풍차 부품 구조가 발달하고 윤활유가 사용되면서, 19세기 탑형 풍차는 바람개비 지름이 30m에 이르고 초속 10m 이상의 강풍에도 견딜 수 있을 만큼 대형화되었다. 이런 발전에도 불구하고 풍차는 수차의 개선 속도를 따라 잡지 못했다. 당시 대형 풍차의 출력은 수차의 1/5에 불과했고, 실제 출력은 이론상 출력의 20~30%밖에 되지 않았다고 한다.[21]

풍차는 석탄이 주력 에너지원으로 등장한 산업혁명에도 잘 견뎌냈지만, 20세기 들어 석유의 도전까지 겹치면서 본격적인 퇴장의 길에 들어섰다. 풍차는 석탄과 석유가 제대로 공급되기 어려운 지역, 특히 인구가 적어 화석 연료 수요가 많지 않은 지역에서 여전히 활약했다. 소련, 미국, 호주와 같이 국토가 넓지만 인구 밀도가 높지 않은 국가가 이에 해당되는데, 이들 국가의 오지에 석탄과 석유를 공급하는 것은 수송비 때문에 경제성이 없었다. 이런 지역에서는 1930년대까지 풍차가 유용한 에너지 공급 방식이었던 반면, 인구 밀도가 높은 지역과 그 인근 지역은 그렇지 않았다.

석탄과 석유가 이들 지역에 급속하게 침투하였고, 특히 석유를 사용하는 디젤 엔진과 디젤 원동기가 수차와 풍차를 빠르게 대체하였다. 디젤 엔진은 출력도 강력할 뿐만 아니라 출력 조절도 용이하고, 크기도 작아 공간을 많이 차지하지 않았으며, 설치하기도 간편하여 수차와 풍차로서는 큰 도전이 아닐 수 없었다.

20세기 들어 풍차는 분명히 종말기에 접어들었지만, 의외의 나라에서 명맥을 유지했다. 풍차는 여러 지역에서 석유에 밀려나고 있었지만, 제1차 세계 대전과 2차 세계 대전 기간 중 덴마크는 오히려 풍차를 확대하였다. 탄광과 유전이 거의 없었던 덴마크는 1900년대에 접어들면서 풍력 발전을 시도했지만, 석유의 공급 확대로 고전을 면치 못하고 있었다.

그런데, 제1차 대전이 발발하면서 덴마크는 석탄 및 석유 공급이 끊겨 에너지 위기에 직면했다. 이것이 풍력 발전을 확대하는 계기가 되었고, 1차 대전이 끝난 후에도 풍력 발전을 기반으로 한 전력 공급에 치중하였다. 더욱이 2차 대전 중에는 친독일 정책으로 석유 공급이 거의 중단되어 어쩔 수 없이 풍력을 계속 사용하면서 풍력 발전을 더욱 연구할 수밖에 없었다. 덴마크가 오늘날 풍력 발전 강국으로 부상한 데는 이런 역사적 이유가 있었다.

식민지로 간 풍차

　수차가 그랬던 것처럼 풍차도 유럽에만 머무르지 않고, 유럽 이민자들을 따라 식민지로 갔다. 17세기 네덜란드가 아시아로 가는 해양 루트를 개척하기 위해 남아프리카를 식민지로 만들었는데, 풍차도 이들 네덜란드인과 함께 남아프리카에 전파되었다. 또한 17세기 미국에서는 네덜란드인들이 뉴욕 맨해튼 남단에 뉴암스테르담(New Amsterdam)이라는 식민지를 개척하면서 풍차가 전달되었다. 당시 풍차는 경제적으로 매우 중요한 역할을 하였다.

　뉴욕시 직인(seal)에 풍차 바람개비 4개가 들어가 있는 것을 보면 당시 풍차의 중요성이 어느 정도였는지 짐작된다. 그리고 영국 이민자들이 대거 유입된 호주에도 풍차가 들어갔다.

　미국으로 건너온 풍차는 일률적으로 수용되지 않았다. 사실, 네덜란드와 영국 이민자들이 많이 정착한 미국 동북부 연안에서는 유럽식 대형 풍차보다는 수차를 선호했다. 1840년대 동북부 뉴잉글랜드(New England) 지역에는 이미 5만대 이상의 수차가 운영 중이었기 때문에 풍차가 들어설 여지가 크지 않았다. 그래서 풍차는 미국 중서부 등 내륙을 중심으로 퍼져나갔는데, 그 모습은 유럽의 그것과는 달랐다.

　미국 서부 영화에서 쉽게 볼 수 있는 소형 풍차가 대세였다. 바람개비처럼 생긴 이 소형 풍차는 유럽과는 달리 제분이나 산업용이 아니라 우물에서 물을 퍼 올리는 용도에 불과했다. 19세기 후반 유럽에서는 풍차가 대형화되고 있었던 데 비해, 미국의 중서부 대평원(Great Plains)에서는 소형화되고 있었다. 하지만, 그 숫자는 6백만 대에 육박했던 것으로 추정되고 있다.

　미국이 서부 개척에 발 벗고 나섰던 19세기 중반, 이 소형 풍차는 유럽식 풍차라기보다는 풍력 펌프(wind pump)였다. 1854년 미국 동부 출신 기술자 대니얼 할러데이(Daniel Halladay)가 발명한 이 풍력 펌프는 바람개비를 나무보다 가벼운 쇠로 만들고, 날개 숫자를 크게 늘렸다. 더욱이, 유럽 풍차는 출력을 조절하기 위해 바람개비 천을 사람이 조정

미국 풍력펌프 (출처 위키피디아)

해야 했지만, 이 소형 풍차는 풍속에 맞춰 날개 각도가 자동으로 조절되도록 하여 일정한 출력이 나올 수 있게 만들었다. 미국 중서부 농업에 딱 맞는 이 풍력 펌프는 농촌에서만 머물지 않고 증기 기관차 역에서 기관차 공급용 물을 탱크에 채우는 데도 매우 유용했다. 이런 역할로 풍력 펌프는 19세기 미국을 상징하는 존재로 여겨지기도 했다.[22]

유럽식 대형 풍차가 미국에서 사용되지 못한 데에는 미국 중서부의 자연환경이 결정적 요인이다. 미국의 곡창지대인 중서부는 바람이 강력하지 않아 육중한 유럽식 대형 풍차를 돌릴 수 없었다. 그리고 유럽식 풍차는 크기가 너무 커 제작비용이 많이 들어간다는 점도 걸림돌이었다. 농지를 찾아 유럽에서 신대륙으로 건너온 가난한 식민지 농민들은 경제적 능력에 한계가 있었고, 큰돈을 들여야 하는 풍차를 섣불리 설치할 수 없었다. 또한, 유럽의 대형 풍차는 운영 및 수리에도 많은 노동력이 필요했다.

인구가 희박한 신대륙에서 복잡한 기계구조를 가진 유럽식 대형 풍차를 관리하는 것은 쉽지 않았다. 마지막으로 미국 농업은 곡물 생산뿐만 아니라, 목축도 중요했다. 물이 귀한 대평원에서는 소에게 먹일 물을 우물에 의존할 수밖에 없었는데. 유럽식 풍차는 이 용도에 맞지 않았던 것이다.

미국식 풍력 펌프는 호주 등으로도 퍼져나갔다. 미국처럼 농업 식민지였던 호주는 초기에 영국에서 유입된 기술자들이 유럽

식 대형 풍차를 건설하였다. 하지만, 미국과 유사한 자연 및 사회
경제적 조건을 가진 호주도 미국에서 발명된 풍력 펌프를 사용하
기 시작했다.

1876년 영국 출신의 한 기술자가 미국 풍력 펌프 디자인을 차
용하여 호주에서 처음으로 풍력 펌프를 제작했는데, 호주는 철 생
산이 부족했던 관계로 바람개비 날개를 나무로 만들었다가 1900
년이 되어서야 쇠로 만들기 시작했다. 이 풍력 펌프는 물 부족으
로 고통을 겪던 수많은 호주 농민들에게는 구세주와 같은 존재였
으며, 호주와 이웃한 뉴질랜드 등으로도 퍼져나갔다.[23]

중국의 경우, 풍차는 수차만큼도 사용되지 않았다. 1656년 중
국에서 풍차를 처음 목격한 유럽인의 기록에 의하면, 중국 동부에
서 수평형 풍차가 사용되었다고 한다. 이보다 더 이른 시기에 풍
차를 사용했다는 중국 기록도 있지만, 중국은 풍차를 광범위하게
사용하지 않았던 것으로 평가되고 있다.

미래 에너지의 시작

수차와 풍차는 그 자체로는 에너지원이 아니다. 이들은 물이 중력에 의해 낙하하는 현상과 바람이 이동하는 과정에서 에너지를 추출해 내는 기계이다. 물과 바람 그 자체가 수력 에너지와 풍력 에너지는 아니었다. 이들은 인간이 처음으로 무생물 에너지를 생산했다는 점에서 에너지 전환에서 큰 의미를 갖는다.

인류는 수차가 발명되기 전까지 인간과 가축에 의존하여 에너지를 생산하였다. 예외적으로 배를 움직이기 위해 바람을 이용하기도 했지만, 대부분의 배는 많은 인력으로 노를 저어야 했고, 바람을 이용하는 돛은 예외적으로 쓰였다. 수력 에너지와 풍력 에너지가 사용되면서 무생물 에너지 체제가 시작되었다고 하겠다.

수력 에너지는 유럽, 특히 수차를 잘 활용할 수 있는 자연 조건을 갖춘 서유럽에서 발달하였다. 수차는 그리스에서 시작되었지만, 로마 제국의 확장을 따라 전파되었는데, 영국, 프랑스 등 로마군이 주둔했던 지역을 중심으로 수차가 이식되었다. 이후 로마가 몰락하면서 수차의 역사도 끝나는 것처럼 보였지만, 수도원이 수차의 가치를 알아보면서 중세로 전달되었다.

초기 수차는 단순히 곡물을 빻는 농업에 사용되었으나, 수차 제작 및 운영 기술이 발달하고 수차 출력이 개선되면서 산업용으로 확대되었다. 특히, 서유럽 대도시에서는 수차가 도시 용수를 공급하는 데 활용되면서 도시 기반 시설의 역할도 수행했다. 중세와 근대에 대규모 에너지가 필요한 곳에는 수차가 아주 유용한 장치였다.

영국, 프랑스 등 서유럽 지역에 수차가 발달하게 된 데는 자연조건이 중요했다. 적당한 낙차를 확보할 수 있는 지형과 연중 꾸준한 강수로 수자원을 공급할 수 있는 자연조건이 필요했다. 하지만, 수차의 가치를 알아본 계층들이 수차를 활용하려는 의지 또한 무시할 수 없는 요인이었다. 이들은 수차 운용에 필요한 물을 공급하기 위해 댐과 수도관 등 기반시설을 건설하였으며, 이에 투입된 재원을 회수하기 위해 농민들에게 수차 사용을 강요하였다. 영주에 이어 중소 상공인들은 수차를 곡물을 빻는 제분용에서 산업용으로도 확대하는 데 기여하였다. 이들은 단순 반복적인 인간의 노동을 수차를 이용한 기계로 대체하는 데 성공함으로써 수차의 가치를 확인해주었다.

수력 에너지와 풍력 에너지의 이용은 근대 유럽에 변화를 가져올 만큼 영향력이 컸다. 수차의 출력이 대형화되면서 많은 종류의 기계를 사용할 수 있게 되었고, 이는 가내 수공업이 아니라 공장

제 생산이 가능하도록 하였다. 영국에서는 방직공장들이 수자원을 찾아 동북부 산간 계곡으로 찾아 들어와 계곡이 공장으로 빼곡히 들어찼다. 광산에서는 수차가 갱내 작업을 용이하게 하기 위해 물을 퍼내고 광부들에게 공기를 공급하고 광산물을 실어내는 등 여러 용도로 기여하였다.

이런 역할로 근대 수차는 18세기부터 시작된 산업혁명의 전 단계를 조성하였다고 하겠다. 수차만큼은 되지 못했지만, 풍차 역시 수자원이 풍부하지 않은 곳에서 수차와 유사한 역할을 수행했다. 영국인과 네덜란드인들이 수차와 풍차로 만든 공산품을 대형 범선에 싣고 세계 각지로 식민지를 개척하러 떠날 수 있었던 데는 이들 국가들의 에너지 전환이 밑바탕에 있었다고 하겠다.

수력과 풍력 에너지는 인력과 축력에 비해 미래 지향적인 에너지였음에는 틀림없지만, 자연의 제약을 극복하지 못 한 단점도 있었다. 수자원과 바람의 공급은 수차와 풍차의 가동에 큰 영향을 미쳤다. 수차와 풍차를 설치할 수 있는 지역은 무한정 있었던 것이 아니었다. 또한, 이들은 특정 지역에 고정되어 있으면서 기계 운동만 하는 에너지를 생산하였다.

즉, 이들은 에너지가 필요한 먼 곳에 에너지를 공급할 수 없었다. 그리고 이동과 농경은 여전히 인력과 축력에 의존하고 있었다. 이런 한계를 극복할 수 있는 새로운 미래 에너지가 필요해지고 있었는데, 이는 석탄으로 일부 해결할 수 있었다. 석탄의 시대가 실현되었다고 해서 수차와 풍차의 역할이 완전히 끝난 것은 아니었다. 오늘날 수력 발전과 풍력 발전의 형태로 변신하여 여전히 사용되고 있다.

주석

1) Collin Rynne(2015), The Technical Development of the Horizontal Water-Wheel in the First Millennium and Some Recent Archaeological Insights from Ireland, *The International Journal for the History of Engineering & Technology*, Vol. 85, No. 1, pp. 70-93.
2) George Brooks(2006), The "Vitruvian Mill" in Roman and Medieval Europe, *Wind and Water in the Middle Ages: Fluid Technologies from Antiquity to the Renaissance*, ed. by Steven A. Walton, Brill, pp. 1-38.
3) Marc Bloch(2015), The Advent and Triumph of the Watermill, *Life and Work in Medieval Europe*, Selected Papers, Translated by J. E. Anderson, Routledge, pp. 136-168.
4) Katrine van deer Beek(2010), The effects of political fragmentation on investments ; A case study of watermill construction in medieval Ponthieu, France, *Exploration in Economic History*, vol. 47, pp. 369-380.
5) Adam Lucas(2003), The Role of Monasteries in the Development of Medieval Milling, *Wind and Water in the Middle Ages: Fluid Technologies from Antiquity to the Renaissance*, pp. 89-127.
6) Mads Dengø Jessen(2017), Early Mills; an archeological indication of taxation, *Danish Journal of Archeology*, Vol. 6, No. 2, pp. 133-178.
7) Adam Lucas(2005), Industrial Milling in the Ancient and Medieval Worlds; A Survey of the Evidence for an Industrial Revolution in Medieval Europe, *Technology and Culture*, Vol. 46, pp. 1-30.
8) Adam Lucas(2006), *Wind, Water and Work: Ancient and Medieval Milling Technology*, Brill, p. 263
9) J. Kenneth Major(1990), Water, Wind and Animal Power, *An Encyclopedia of the History of Technology*, ed. by I. Mc Neil, Routledge, pp. 229-271.
10) Terje Tvedt(2010), Why England and not China and India? Water systems and the history of the Industrial Revolution, *Journal of Global History*, pp. 29-50.
11) X. Mao(2006), Market-Oriented Sustainable Water Resource Management in China, *A History of Water, Vol. 2: The Political Economy of Water*, ed. by Richard Coopey and T. Tvedt, London, I. B. Tauris, pp. 207-218.
12) Neville Brown (2006), Wittfogel and Hydraulic Despotism, *A History of Water*, Vol. 2, ed. by Richard Coopey and T. Tvedt, pp. 103-116.
13) Dennis G. Shepherd (1990), *Historical Development of the Windmill*, National Aeronautics and Space Administration, NASA Contractor Report No. 4337.
14) Martin Pasqualetti, Robert Righter and Paul Gipe(2004), History of Wind Energy, *Encyclopedia of Energy*, Vol. 6, ed. by Cutler J. Cleveland, pp. 419-433.
15) J. J. de Vries(2006), Early Developments in Goundwater Research in the Netherlands: a Socially Driven Science, *A History of Water*, Vol. 3, Treje Tvedt, Jakobsson Coopey and T. R. Oestigaard, ed, I. B. Tauris, pp. 185-205.
16) Vaclav Smil (2017), *Energy and Civilization*, MIT Press, p. 158.
17) John Langdon(2004), *Mills in the Medieval Economy: England 1300-1540*, Oxford University Press, p. 4.
18) 세르반떼스 저, 민용태 역 (2013) 기발한 시골 양반 라 만차의 돈 끼호테 제1권, 창비.
19) Saskia Vermeylen(2010), Resource rights and the evolution of renewable energy technologies, *Renewable Energy*, Vol 35, pp. 2399-2405.
20) Pasqualetti et al.(2004), 앞의 글.
21) Smil(2017), 앞의 책, pp. 160-161.
22) James Manwell, Jon McGowan and Anthony Rogers(2009), *Wind Energy Explained: Theory, Design and Application*, 2nd ed., John Wiley and Sons, p. 14.
23) Southern Cross Windmills, 홈페이지 https://southerncrosswindmills.com.au/windmills/

Ⅲ. 석탄 이야기

중세가 끝나가고 근대가 시작될 무렵, 유럽에는 새로운 형태의 에너지가 등장했다. 고대 사회가 축력과 인력과 같은 생명체 에너지원에 크게 의존했고, 중세에는 수력과 풍력이라는 무생물 에너지원이 시작됐다면, 이 시기에 등장한 새 에너지는 땅속에서 캐내는 돌이었다. 석탄이라고 불린 이 돌은 '식물로 만들어진 암석'이다. 석탄은 인류가 기억조차 할 수 없는 지질 시대(geological age)부터 식물과 흙이 섞이고 퇴적되어 만들어졌다. 인간이 직접 경험하지도 못했던 시기에 존재했던 물질이 돌로 변하여 에너지원이 된 석탄은 화석(fossil) 에너지라고 불린다. 이 시기에는 '돌에 불이 붙어 에너지원이 된다'는 현상을 이해하기조차도 어려웠다. 석탄은 유럽 밖에도 있었지만, 주로 사용하기 시작한 지역은 유럽이었다. 벨기에가 1113년에 유럽 최초로 석탄을 생산한 것으로 알려져 있으며, 영국에서는 1325년에 석탄을 생산하여 프랑스로 수출하기도 했다.[1] 그런데, 16세기 영국이 석탄을 인류 역사에 적극 끌어 들여 이제까지 경험하지 못했던 변화를 일으켰다.

숲이 사라지다

    17세기 영국에서 벌어진 삼림 고갈은 심각했다. 인구 증가와 농지 개간으로 숲은 빠른 속도로 줄어들고 있었다. 1600년대 영국 잉글랜드 인구는 325만 명이었으나, 1700년 무렵에는 407만 명으로 증가하였다. 이렇게 늘어난 인구를 먹여 살리기 위해서는 농업 생산이 확대되어야 했는데, 이는 숲을 농지로 전환함으로써 가능했다. 더욱이, 인구 증가가 주로 농촌에서 이뤄졌지만, 농촌 인구가 도시로 일자리를 찾아 대거 모여들면서 도시가 비대해지는 현상도 함께 진행되었다.

    런던의 경우, 1600년대 인구가 5만 명에 불과했지만 100년 만에 4배나 되는 20만 명으로 폭발적으로 늘어났다. 이런 도시화 현상은 영국에만 국한되지 않았고 유럽 여러 나라에서도 급속하게 이뤄지고 있었다. 이 결과, 500년 경 서유럽 면적의 80%를 차지했던 숲은 14세기에는 50%로 크게 줄어들었다.[2]

    숲이 빠르게 사라지게 된 데에는 숲에 대한 중세의 믿음도 한 몫 했다. 초기 기독교에서는 숲을 '죄와 악이 꿈틀대는 땅'으로 인식했다. 유럽의 울창한 숲은 사람이 접근하기도 어려웠고 위험과 혼란으로 가득한 공포의 대상이었다. 숲에는 위험한 동물뿐만 아니라 법과 질서를 무시하는 무법자들과 야만인이 살고 있었다.

이런 인식 하에 숲을 농경지로 만들고 나무를 베어내어 연료로 사용하는 행위는 세상의 악을 정화하는 일로 받아들여졌다. 중세인에게 숲이 사라지는 현상은 우려스럽지도 않았고, 오히려 신의 창조 과업을 완성하고 악을 소멸시켜 신과 가까워지는 행위로 인식되었다.[3]

인구 증가가 갖고 온 삼림 고갈은 여러 가지 사회 경제적 문제를 불러왔다. 그중 가장 심각한 문제는 연료 부족이었다. 당시 난방은 전적으로 나무에 의존했는데, 그 방식은 허술하기 짝이 없었다. 집 한 가운데, 그러니까 요즘으로 치면 거실에 돌로 불을 피울 수 있는 공간을 만들고 이곳에서 난방과 조리를 함께 해결했다. 나무가 귀하여 방마다 난방을 할 수 없어 거실만 난방을 했다. 불을 피우면 불똥이 집안에 날라 다녀 나무로 지은 집은 불이 날 가능성도 높았다. 불을 안전하게 피울 수 있는 밀폐된 용기, 즉 난로나 스토브는 철이 귀하여 아직까지 발명되지 않았다.

그리고 장작이 연소되면서 나오는 매연을 집 밖으로 내보내는 굴뚝도 없었다. 하지만, 장작이 연소하는 데 필요한 공기는 집 여기저기에 있는 틈 사이로 들어 올 수 있었다. 이런 틈들이 외풍의 통로가 되어 난방 효율을 크게 떨어뜨렸지만, 연소 가스에 의한 질식사를 막기 위해서는 어쩔 수 없었다. 이렇게 허술한 주거 양식과 난방 방식으로는 효율적인 난방은 불가능하였다.

런던 주변을 둘러싸고 있던 숲이 사라지면서 난방용 장작을 구하기가 어려워진 것은 당연한 이야기이다. 대도시 주변의 연료 공급지가 사라진다고 해서, 유목민처럼 도시 전체를 연료가 풍부한 지역으로 옮기는 것은 상상도 할 수 없는 일이었다. 연료 공급을 맡았던 나무꾼들은 나무를 구하기 위해 더 멀리 나가지 않을 수 없었다. 장작의 수송 거리가 늘어나면서 장작 가격은 자연히 상승하였다.

1592년 런던 시에 공급된 장작 가격은 1500년 대비 두 배나 올랐다. 장작을 구입할 능력이 부족한 저소득 계층에서는 동사자가 속출하기도 했다. 이 시기에 벌써 일종의 에너지 공급 위기가 발생했던 것이다.

연료 부족은 런던에 있던 각종 제조업에도 타격을 입혔다. 가장 심각한 타격을 입은 분야는 제철이었다. 17세기 전반, 런던에는 약 300여 개의 크고 작은 제련소(iron-smelting)가 있었는데, 이들 제련소의 연료는 숯(charcoal)이었다. 이들은 숯을 만들기 위해 연간 3천 그루의 나무를 사용했다. 이외에도 납을 생산하는 대장간, 유리를 만들던 유리 공방, 위스키와 맥주를 제조하던 주류 공장 등 연료를 많이 사용하던 각종 제조업들이 나무 부족에 의한 장작 가격 상승에 시달려야 했다.

나무 고갈은 연료 부족 사태로만 그친 것은 아니었다. 당시 영국인의 일상생활은 나무 없이 살아가는 것을 상상할 수 없었다. 일반 가정의 모든 가재 도구들은 나무로 만들어졌다. 집은 당연히 목재로 지었다. 집에서 사용하는 생활 집기도 나무로 만들었다. 침대, 가구 등은 말할 것도 없고 숟가락, 그릇 등도 온통 나무였다. 농촌에서는 나무로 만든 농기구를 사용했는데, 밭을 가는 쟁기는 물론이고 삽, 곡괭이도 나무로 만들었다.

철의 생산이 부족하고 가격이 비쌌던 이 시기, 철은 삽과 같은 일부 농기구의 날에 덧대어 사용할 뿐이었다. 이 무렵 영국인들은 '철기 시대'가 아니라 '목기 시대'에 살고 있었던 것이다.

여왕 엘리자베스 1세 시기,[4] 영국의 수도 런던은 '목재 도시(wooden city)'였다. 주요 건물과 시설들은 온통 나무로 만들어졌다. 다리, 강가 선착장 등 많은 공공건물과 시설물들은 대부분 나무로 지어졌다. 숲이 사라지면서 발생한 나무 품귀 현상은 건물을 짓는 것도 어렵게 했다. 한 예로 셰익스피어의 희곡을 공연했던 극단은 새로운 장소로 극장을 옮기면서 새 나무를 구입하지 못해 옛날 극장을 해체하여 그 나무를 다시 사용했다. 이를 두고 극단의 살림살이가 시원찮았기 때문이라는 주장도 있지만, 나무가 부족했던 것은 분명하다.[5]

당시 목재 재활용은 일상사였다. 장거리 항해에서 돌아온 선박이 수리할 수 없을 정도로 파손되면, 선박을 해체해서 나온 목

재로 집을 지었다. 나무가 부족하지 않았다면 이런 일은 없었을지
도 모른다.

나무 부족과 안보 위협

섬나라 영국의 삼림 고갈은 국가 안보 위협으로 연결되었다. 영국은 해상 교역에 의존하지 않을 수 없었고, 더욱이 17세기에는 유럽 국가들이 식민지를 확보하기 위해 남미와 아시아로 나가는 '대항해의 시대'에 진입했다. 대항해에는 대형 선박이 필요했는데, 이때 대형 군함이었던 전열선(ship of the line)은 독보적인 역할을 했다. 전열선은 보통 길이 50m, 폭 10여 m 이상이고, 2 내지 3층으로 된 내부에는 약 50~70문의 대포를 싣고 다녔다. 전열선은 식민지를 개척하는 선봉에 서서 자국 상선을 보호하는 역할을 톡톡히 하면서 국력의 상징이기도 했다.

영국에게 전열선은 없어서는 안 되는 무기였다. 영국도 17세기 북미 등으로 식민지 개척에 나서면서 전열선이 필요하기도 했지만, 영국 방어를 위해서도 전열선은 꼭 있어야 했다. 영국 해군은 100여 척 이상의 전열선을 유지하면서, 영국을 에워싸듯이 바다에 전열선을 배치했다. 이는 마치 바다 위에 성곽을 지어놓은 것과 같아서 바다 위에 떠 있는 요새로 불렸다.

전열선을 만들고 유지하는 데에는 상상 이상으로 많은 목재가 필요했다. 목재 중에서도 재질이 단단한 경재(hardwood)가 제격이었는데, 참나무가 가장 대표적인 소재였다. 함선 중에서 가장 컸던 전열선을 한 척 건조하기 위해서는 참나무가 약 2,500그루가 필요했다. 특히, 전열선에는 10여개 이상의 돛대(mast)가 설치되었는데, 주 마스트는 지름 1m, 길이 35m가 넘었다. 참나무가 이 정도 되는 목재가 되려면 약 80~120년이 걸렸다.

영국은 대외 무역에 본격적으로 나서면서 상업용 선박을 건조하는데에도 엄청나게 많은 나무를 사용하였는데, 민수용이 군용보다 3배 이상이나 더 많은 나무를 사용하였다. 또한, 각종 사고로 장거리 항해에서 돌아오지 못한 선박도 많았을 뿐만 아니라, 돌아온 선박도 오랫동안 거센 파도와 바람을 겪었기에 수리하는

대항해 시대의 전열선(출처 브리태니카)

데도 많은 목재가 있어야 했다.

영국은 이미 나무 부족을 겪고 있었기에 목재를 해외에서 수입하여 충당하였다. 노르웨이, 스웨덴처럼 지리적으로 가깝고 삼림이 풍부한 발트 해 연안 지역뿐만 아니라 멀리 미국, 캐나다와 같은 식민지로부터도 목재를 수입했다. 영국은 이들 국가로부터 목재를 수입하면서 불안감을 갖고 있었다.

당시 영국은 북해 및 발트해 해상 상권과 제해권을 놓고 북유럽 국가와 경쟁하고 있었다. 특히 영국의 나무 부족이 심각해지기 시작한 17세기, 북유럽에서는 스웨덴이 주변 국가를 정복하면서 강대국으로 등장했다. 발트해 패권 국가로 등장한 스웨덴은 기존 무역 질서에 개입했는데, 이로 인해 영국은 안정적인 목재 수입을 확신할 수 없게 되었다.[6]

영국이 식민지로 삼았던 북미에서 공급된 목재도 안심할 수 없었다. 영국은 1600년대 초반부터 미국 동부에 식민지 개척단을 수차례 보냈지만, 기대만큼 성공적이지 못했다. 미국의 경제적 가치가 애매해진 상황에서, 미국 동북부에서 풍부한 수자원을 이용한 수차가 목재를 대량으로 생산하였다.

18세기 중반 무렵 미국 뉴햄프셔(New Hampshire)의 한 지역에서는 90여 대의 제재용 수차가 가동하고 있었고, 미국 동북부의 특산품인 스트로브 잣나무(white pine)는 길이 50m, 지름 1m로서 전열선 주마스트로 안성맞춤이었다. 하지만, 1776년 영국을 상대로 미국이 독립전쟁을 시작하면서 미국의 목재 공급은 중단되었다. 미국의 독립전쟁으로 미국산 목재 수입이 중단되면서 영국 해군은 작은 나무를 묶어 마스트로 사용해야 하는 처지에 놓이게 되었다. 목재 공급 불안이 현실화되고 있었다.

목재 부족 현상에 대한 우려의 목소리는 진작부터 나왔었다. 엘리자베스 1세를 계승한 제임스 1세에게 '평민들의 불만(Commons Complaint)'이라는 청원서가 1611년 제출되었다. 이 청원서에는 무절제한 목재 사용으로 빚어진 숲의 파괴가 국왕과 신민 모두에게 위기를 갖고 올 뿐만 아니라 종국에는 왕국의 몰락으로 연결될 것이라는 비관적 전망이 담겨 있었다. 그 대책으로 대규모 나무 심기와 숲의 보존을 건의했다. 이 대책이 구체적으로 시행되었는지는 알 수 없지만, 영국 의회는 장작 소비를 줄이고 런던 주변의 숲을 보호하기 위해 런던 인근 22km 내에서는 숯을 이용한 제철을 금지하는 조치를 취하기도 했다.

17세기 영국에서 숲이 사라진 데는 삼림 경영 방식도 일조했다. 1215년 국왕의 권력을 제한하고 귀족과 시민의 권리를 보호하는 대헌장(Magna Carta)이 제정되었고, 그 후속으로 1217년에 '삼림헌장(Charter of the Forest)'이 만들어졌다. 이 헌장은 나무의 소유권을 국왕에서 영지 소유자에게 양도하고, 자유민들이 숲에서 땔감을 채취하는 것을 허용하였다. 이 조치에 따라 대토지를 소유한 귀족들이 목재 공급을 좌지우지하게 되었다.

그런데, 대토지 소유주들은 나무를 현금처럼 취급했다. 국왕부터 중소 지주에 이르기까지 마치 현금 인출기에서 현금을 찾아 쓰듯, 돈이 필요하면 나무를 베어 팔았다. 사실, 나무가 경제적 가치가 있는 목재로 성장하기까지는 오랜 기간이 필요하고, 나무를 심은 당대가 아니라 보통 3, 4대 후손이 이득을 보기 마련이다. 마냥 기다려야 하는 그 중간 세대들은 현금에 쪼들리고, 나무 가격이 비싸지면서 기다리지 못하고 나무를 베어 팔아 버리는 경향이 많았다. 이런 조급함이 목재 부족과 삼림 자원의 고갈을 더욱 부추기고 있었다.

해탄으로 불려진 석탄

영국에서 석탄을 처음 사용한 사람은 영국인이 아니라 영국을 점령한 로마인이었다. 로마의 시저(Caesar)가 영국을 정복한 기원전 55년 이전에는 영국에서 석탄은 일상적으로 사용되지 않았다. 단지, 청동기 시대 장례에서 시체를 화장하는 연료로 석탄을 사용하였다. 석탄의 강한 화력으로 시신을 쉽게 처리할 수 있었고, 강렬한 불꽃은 영혼을 저승으로 편하게 가게 해 준다고 당시 영국인들은 믿었다.

로마가 영국 정복을 완성한 기원 1세기 이후, 석탄은 주로 로마군 주둔지에서 사용되었다. 로마군은 병영에 난방을 공급하고, 목욕물을 데우고, 대장간에서 무기를 만드는 데 석탄을 사용하였다. 그리고 영국 점령 로마인들은 석탄을 장식용으로도 수출했지만, 정작 토착 영국인들은 석탄을 사용하지 않은 것으로 알려지고 있다.

5세기 로마의 멸망으로 로마군이 영국에서 사라지는 것과 동시에 석탄 사용도 중단되었다. 영국의 초기 석탄 생산 중심지였던 동북부 뉴캐슬(New Castle) 지방에 거주했던 한 성직자가 8세기에 남긴 기록에는 당시 영국인들은 석탄의 존재를 알고 있으면서도 일상에서는 사용하지 않았다고 한다. 단지 석탄을 태워서 나오는 연기로 뱀을 쫓아내는 용도로만 사용했다.

이후에도 영국인들은 석탄의 가치를 제대로 알지 못했으며, 어쩌다 일부 지역에서 생산된 석탄도 외부로 팔려 나가지 않고 생산 지역에서만 소비되었다. 약 500년 이상 영국에서는 석탄을 새로운 에너지원으로 인식되지 못하였고, 따라서 상업적 생산도 이뤄지지 않았다.

1200년대에 들어서면서 영국 여러 지역에서 석탄이 발견되어 생산되기 시작했다. 돌덩어리였던 석탄은 무게 때문에 수송하는 일은 쉽지 않았다. 초기에는 말에 망태기를 매달아 석탄을 실어 날랐는데, 보통 60~70마리가 동원됐다. 이런 방식의 수송에는 시간과 비용이 너무 많이 들었다. 그런데, 석탄이 생산된 여러

영국 해안가에서 해탄을 채취하는 모습(출처 데일리 메일)

곳 중에서도 뉴캐슬 지역의 타인(Tyne)강 유역이 석탄 생산 중심지로 등장했다. 타인강은 석탄 수송에 유리했기 때문이다.

타인강 유역 언덕에서 생산된 석탄은 강과 바다를 이용하여 수송될 수 있었다. 북해에서 약 20여 km 떨어진 언덕에서 생산된 이 석탄은 내리막을 이용하여 쉽게 타인강까지 옮겨진 후, 배에 실려 런던까지 약 500km의 바닷길을 따라 수송되었다. 배를 이용한 석탄 수송은 1280년부터 시작되었는데, 석탄 수송이 용이해지면서 석탄 공급이 늘어났고 이 덕분에 석탄 소비자들이 석탄을 쉽게 구할 수 있었다.

당시 영국에서는 석탄(coal)을 '해탄(sea coal)'이라고 불렀다. 이는 숲에서 생산된 목탄(charcoal), 즉 숯과 구별하기 위한 목적과 함께 석탄이 주로 배를 통해 공급되었다는 사실을 의미하기도 한다. 그리고, 초기 석탄 중 일부는 바다에서 생산되었다. 영국 해안에서 북해 바다로 뻗어 나간 석탄 광맥이 바다 속에서 드러나면서 석탄이 해안가로 밀려들었는데, 이를 긁어모아 연료로 사용하기도 했다.

7세기 해탄을 생산한 마을 인근에 살던 수도사들이 주로 이 석탄을 사용하였는데, 이런 식의 해탄 생산은 2010년대 중반까지도 계속되었다.[7] 해탄이라는 이름은 석탄이 어떤 방식으로 생산되었든, 바다와 연관이 있었음을 보여준다.

영국이 다른 유럽 국가들보다 먼저 석탄을 사용할 수 있었던 데는 13세기 영국의 정치적 상황도 일조했다. 유럽 국가에서 지하자원은 국왕의 소유였다. 그런데, 대헌장과 삼림 헌장이 제정되면서 국왕은 사유지에서의 지하자원 권리를 토지 소유주에게 양도하였다. 그 이전에는 국왕의 권력이 확대되면서, 삼림에 대한 국왕의 권리가 엄격하였다.

이런 이유로 평민들은 국왕과 귀족이 소유한 숲에서는 땔감도 구하지 못할 정도였다. 하지만, 국왕이 양도한 권리 범주에 석탄이 포함되면서 석탄 생산이 적극적으로 이뤄질 수 있는 정치적 여건이 형성되었다.[8]

석탄 소비가 늘면서 석탄 생산은 돈이 되는 사업이 되었다. 수차 보급 확대에서 보았듯이, 석탄도 자유민들이 생산을 주도했다. 이들은 기존 석탄 생산지 주변에서 석탄을 찾아내고는 땅 주인인 수도원이나 지주에게 이익의 일부를 납부하는 조건으로 석탄을 생산했다.

그런데 1260년대 들어 자유민들이 석탄 생산을 통해 많은 이익을 취하는 모습을 본 지주들이 이들과의 계약을 무시하고 별도의 석탄 수송 시설을 짓는 등 독자적인 판매에 나서기 시작했다.

이에 분개한 자유민들은 지주였던 수도사들을 폭행하고 시설을 파괴하는 등 실력행사로 수도원과 맞섰다. 이들은 자신들을 통하지 않고 판매된 석탄은 국왕이 세금을 거두기 어려울 것이라고 주장하여 국왕을 자신의 편으로 끌어들였다. 자유민들과 수도원

간에 벌어진 분쟁은 1268년 자유민들의 승리로 마무리되었지만, 이 이후에도 석탄 생산을 둘러싼 석탄 생산업자와 수도원 간의 분쟁은 수 세기 간 계속되었다.

석탄은 생산자와의 토지 소유주 간의 분쟁뿐만 아니라, 경쟁 연료인 장작 공급 업자들과도 마찰을 빚었다.[9] 석탄 소비가 늘어남에 따라 장작 공급업자들의 수익은 줄어들 수밖에 없었고, 이에 장작업자들은 석탄이라는 새로운 연료를 '악마의 배설물(devil's excrement)'이라고 흑색선전하였다. 석탄을 배설물에 비유하여 혐오감을 조장하고, 악마가 만든 것처럼 낙인찍어 중세 일반인들의 정신세계를 지배했던 종교와도 결부시킴으로써 소비자들에게 막연한 공포감을 심어주려는 의도가 있었던 것으로 보인다.

사실 중세에는 석탄 생성을 이해할 수 있는 지질학적 지식이 거의 없었고, 석탄 소비가 일으키는 각종 문제점을 규명하고 해결할 수 있는 과학 지식도 부족하였다. 석탄을 땅에서 캐내는 모습을 보고는 석탄을 식물처럼 생각하기도 했고, 심지어 인분을 주면 석탄이 지하에서 성장하는 것으로 이해하던 시절이었다. 하지만, 장작업자들의 이런 방해가 석탄 소비를 저지시킬 만큼 영국인들의 에너지 문제에 여유가 있었던 것은 아니었다.

장작업자의 방해 공작에서 보듯이, 초기 석탄은 일반인들 사이에 쉽게 수용되지 못했다. 이의 가장 큰 원인은 석탄이 연소되면서 뿜어져 나오는 각종 공해 물질이었다. 석탄 연기가 사람들을 질리게 한 것이다. 1200년대 중반 석탄은 이런 연기 때문에 환기가 잘 되는 곳에서 주로 사용되었다. 쇠를 다루는 대장간이나, 회반죽을 만드는 공방 등 밀폐되지 않은 작업장에서 연료로 사용되었다.

중세 영국인들은 이런 작업장에서 뿜어 나오는 매연을 견디지 못했다. 이들 작업장은 런던 등 대도시 주변에 위치하고 있었는데, 중세 도시민들은 이 매연이 건강에 좋지 않을 것이라고 금방 알아차렸고, 대책이 필요하다고 느꼈다. 이에 따라, 1306년에는 석탄 사용을 금지하는 법이 제정되어, 위반자에게는 벌금을 부과하고 심지어 석탄 연소 시설을 파괴하는 조치가 나오기도 했다.

15세기에 발생한 흑사병(Black Death)도 석탄 악마화에 일조했다. 흑사병으로 유럽 인구가 대규모로 사라졌고, 영국에서는 세 차례 이상 유행하여 잉글랜드 인구가 절반으로 줄어들었다. 그런데, 흑사병으로 림프절이 붓는 모양이 마치 석탄이 타는 것과 비슷하고, 통증도 불꽃이 펄펄 살아 있는 석탄과 같다고 묘사되었다. 여기에 더해 런던 의사들은 석탄에서 나오는 각종 매연이 건강에 좋지 않다고 믿었다. 특히, 유황 냄새는 악마가 사는 지하 세계를 연상시켰다고 한다.

흑사병으로 인구가 크게 줄어들어 전반적인 에너지 소비도 자연히 감소하였고, 석탄 소비도 줄어들었지만, 이는 일시적인 현상에 불과했다. 영국의 인구는 다시 증가하였고, 에너지 소비는 지속적으로 늘어나면서, 나무가 연료를 계속 공급해 줄 수는 없었다.

자유민들이 주도한 석탄 생산

16세기 석탄 생산에 큰 변화가 찾아왔다. 지표면에서 쉽게 캘 수 있는 석탄들이 거의 고갈되면서, 땅속 깊이 묻혀 있는 석탄을 캐내야 했다. 17세기 중반까지만 해도 50m 이상 파내려가는 석탄갱은 드물었지만, 1700년이 지나면서 100m 이상 되는 석탄갱들이 등장하기 시작했고, 1765년에는 200m 이상 들어가는 갱들도 출현했다.[10]

당시 지질 지식으로는 석탄이 땅속 어느 지점에 매장되어 있는지를 알 수 있는 방법은 없었다. 또한, 지표면에서 석탄을 캐내는 방식보다 갱을 파서 석탄을 생산하는 방식이 비용도 더 많이 들었고, 특히 지하수가 갱내로 흘러들어 이를 빼내기 위한 보조 터널도 뚫어야 했다.

이런 조건 하에서 석탄 생산은 이제 대규모 투자가 필요했고, 석탄 매장을 확신하지 않으면 석탄 생산을 결정하는 것은 쉽지 않았다. 더욱이 석탄 광산 토지를 대량으로 소유하고 있던 교회에는 석탄의 매장과 생산을 전문적으로 이해하는 성직자도 없었다. 이런 이유로 교회는 석탄 생산물에서 일정 이익을 받는 조건으로 자금력 있는 자유민에게 석탄 유망 지역을 임대(lease)했다.

그런데, 교회가 이 임대 기간을 단기간으로 설정한 결과 자유민들은 석탄 발견의 불확실성과 투자 회수에 대한 불안감 때문에 투자를 꺼렸고, 이는 석탄 생산 감소로 연결되었다.

석탄 공급 부족이 발생할 가능성이 높은 상황에서 영국의 정치적 격변이 긍정적인 변수로 등장했다. 1527년 헨리 8세(Henry Ⅷ)는 왕자를 낳지 못했다는 이유를 들어 왕비와 이혼을 추진하고자 했는데 가톨릭교회의 반대에 직면해 있었다. 이에 헨리 8세는 가톨릭교회와의 관계를 단절하고, 1536년에는 의회의 지원 하에 가톨릭 수도원이 보유하고 있던 재산을 몰수하였다. 당시 가톨릭교회는 영국 토지의 1/5을 소유하였고, 여기에는 교회가 소유한 석탄 광산도 당연히 포함되었다.

수많은 토지와 광산이 하루아침에 국왕의 소유가 되었지만, 헨리 8세는 이를 상인을 포함한 자유민들에게 매각하였다. 이에 따라 석탄 생산을 둘러싸고 300여 년간 관련 이해 당사자들 − 석탄 생산업자였던 상인 계층과 석탄 광산 토지 소유주였던 교회 − 사이에 벌어졌던 분쟁도 종식되었다. 그리고 광산 소유권을 확보하게 된 상인 계층들은 투자에 대한 불확실성이 사라지면서 석탄 생산에 적극 투자하였고, 이에 따라 석탄 생산도 급속도로 늘어날 수 있었다.

17세기 나무 부족과 연료 부족을 겪은 영국에게 해결책은 석탄이었지만, 석탄을 대하는 태도는 사회계층 마다 달랐다. 경제적 여유가 있었던 귀족들과 부자들은 매연 때문에 석탄 사용을 기피했다. 이들은 장작, 숯 등 다양한 연료를 사용할 수 있었지만, 경제적 여유가 없었던 런던의 저소득층들은 석탄을 사용할 수밖에 없었다.

석탄 사용은 대세가 되어 가고 있었다. 석탄은 장작 가격보다 훨씬 쌌다. 저소득층의 경우, 소득의 약 1/10을 석탄 구입에 사용했는데, 장작은 이보다 2~5배 정도 더 비쌌다. 숲이 줄어들면서 장작은 비싼 고급 연료가 되어 가고 있었다. 더욱이 추운 겨울, 석탄 공급은 안정적이었던 반면, 장작 공급은 그렇지 않은 경우가 많아 석탄에 대한 의존은 시간이 갈수록 점점 더 심해질 수밖에 없었다. 이에 따라 1600년대가 되면서 런던 시민 일인당 석탄 소비는 연간 1톤에 이를 정도로 석탄은 보편화되었다.[11]

1500년대 중반, 주로 상류층만이 사용했던 굴뚝과 벽난로가 일반인의 가정까지 확산된 점도 석탄 사용을 쉽게 만들었다. 매우 간단해 보이는 이 시설들은 장작 화덕에 비해 장점이 많았다. 우선, 장작 화덕은 집 한가운데에 놓여 있어 공간을 많이 차지했지만, 굴뚝과 벽난로는 집 가장자리에 설치됨으로써 공간을 적게 차지했다.

굴뚝은 매연을 실외로 빼내고 실내 공기 순환을 원활하게 하여 실내 공기를 맑게 해주었고, 석탄에서 발생하는 열기를 집안으로 유도할 수도 있어서 열효율을 높였다. 또한, 장작은 사방이 트인 화덕에서 연소되어 화재의 위험이 있었지만, 벽난로를 이용하는 석탄은 화재 발생 가능성이 줄어들어 안전했다.

인구 증가, 도시 확대 등으로 발생한 연료 부족은 석탄 사용으로 해결되어 가는 추세였지만, 여기에는 피할 수 없는 비용이 뒤따랐다. 가장 큰 비용은 석탄이 타면서 내뿜는 매연이 갖고 온 공해였다. 석탄 연소 때 나오는 매연은 장작이 타면서 나오는 연기와는 확연히 달랐다.

장작 연기에 익숙해 있던 사람들에게 석탄 매연은 견디기 힘든 고통이었을 것이다. 일반 가정에서는 벽난로와 굴뚝 덕분에 석탄 사용에도 불구하고 집안 공기가 장작 사용 때보다 더 좋아졌을지는 몰라도 집 밖의 공기, 도시 전체의 공기는 숨을 쉬기 어려울 정도로 혼탁해졌다.

석탄 사용에 따른 문제점을 기록으로 남긴 귀족 존 에벌린(John Evelyn)은 런던에서는 석탄 매연이 하늘을 가려 햇빛을 볼 수 없고, 시 외곽 몇 km 밖에서도 매연 냄새를 맡을 수 있을 정도라고 했다. 그리고 쇠로 만든 철제품들이 석탄에 포함된 황 성분으로 부식되고, 곳곳에 널려 있는 검댕과 그을음으로 옷이 쉽게 더러워져 빨래도 자주 해야 했다고 한다. 이 정도로 심각한 석탄 매연은 당연히 런던 시민의 건강을 위협했다.

영국에서는 13세기부터 석탄에 대한 부정적 인식이 있었다. 1500년대 런던의 사망자들을 조사한 검시 기록에 의하면, 폐질환으로 사망한 사람이 전체 사망자의 1/4 내지 1/5로서, 가장 큰 사망 원인이었다. 이는 농촌 지역보다 훨씬 높은 수치였다. 폐질환이 모두 석탄 매연과 관련 있다고 할 수는 없지만, 석탄을 사용하는 대도시에서 호흡기 계통 질병이 만연했을 것으로 짐작된다.

영국에서 매연을 줄이려는 노력이 없었던 것은 아니다. 엘리자베스 여왕은 석탄 매연을 견디지 못한 나머지, 런던 석탄 소비의 1/4을 차지했던 맥주 양조장에 석탄 사용을 금지시키기도 했다. 그리고 석탄 사용을 줄이기 위해 석탄을 흙과 섞어 만든 조개탄(briquette)[12]이 개발되었다. 영국에서는 무연탄보다 유연탄이 주로 생산되었기에 조개탄으로는 매연을 줄이는 효과가 충분치 않았다. 식물을 많이 심어 공기 오염을 완화시키자는 의견도 있었고, 심지어 하수도처럼 도시에 거대한 매연 배출구를 만들어 도시 외곽으로 매연을 빼내자는 아이디어도 있었다. 이런 아이디어들은 제대로 실현되지 못했고 석탄 사용이 대세를 이룬 상황에서 큰 반향도 없었다.

석탄, 3억 살이나 된 연료

석탄은 지구상의 식물이 땅에 묻혀 오랜 기간 열과 압력을 받으면서 화학적으로 변화된 고체 물질로 정의된다. 식물이 2억~3억 년간 퇴적되고 다져져 돌처럼 단단해졌기에 화석 연료(fossil fuel)라고 한다. 석탄에는 여러 화학 성분들이 포함되어 있지만, 탄소가 가장 큰 비중을 차지한다. 무게 기준으로는 50%, 부피 기준으로는 70% 이상을 차지할 때 석탄이라고 한다. 따라서 석탄이 연소할 때 이산화탄소 등 탄소 물질이 대량으로 배출되는 것은 당연하다.

인류가 석탄을 사용한 기간은 길어봐야 약 2천년 정도로 추정되지만, 본격적으로 사용한 기간은 약 500년에 불과하다. 그런데, 석탄이 생성되는 데 걸리는 시간은 거의 2억 5천만년 내지 3억년이다. 지질학에서는 석탄이 고생대에 형성된 것으로 보고 있는데, 그 중에서도 석탄기(Carboniferous Period)와 페름기(Perm Period)에 주로 생성된 것으로 이해하고 있다.

석탄기는 약 3억 6천만 년 전에서 3억년까지 약 6천만 년간 지속되었다. 석탄기는 그 이름이 보여주듯이 지구상에 매장되어 있는 석탄의 대부분이 형성된 시기이다. 페름기는 러시아 우랄산맥에 위치한 도시 페름(Perm)시에서 이름을 따왔는데, 석탄기 이후 4천 7백만 년간 존재했었다. 이들 시기는 석탄의 원료격인 식물이 성장하기에 좋았다. 지구 온도는 지금보다 훨씬 높았고, 광합성에 필요한 이산화탄소 농도도 지금보다 최대 8배 정도 진했으며, 공기 중 습기도 많았다.

이런 자연환경 속에서 자란 나무들은 보통 높이가 20~30m, 지름이 1m 이상 되었고, 지상에는 지금보다 훨씬 키가 큰 고사리로 뒤덮였었다. 이런 식물들이 대량으로 매몰되고 오랜 시간에 걸쳐 지하에서 열과 압력을 받아서 석탄으로 변한 것이다.

석탄은 석탄으로 변화된 정도, 즉 탄화 혹은 석탄화(coalification)에 따라 분류된다. 지상의 식물이 대량으로 매몰되어 석탄으로 바뀌는 과정에서 가장 먼저 형성되는 물질이 이탄(peat)[13]이다. 이탄은 주로 썩은 식물과 광물로 이뤄지는데, 일반 석탄과 달리 단단하지 않고 수분이 많이 포함되어 있어 진흙처럼 보인다.

이탄은 지표면 혹은 지표면 가까운 지하에서 발견되는데, 이는 식물이 매몰된 지역이 지각 변동을 받지 않아 지하 깊은 곳으로 이동하지 못했기 때문이다. 영국의 스코틀랜드에서는 옛날부터 이탄을 쉽게 캐내어 말린 다음 연료로 사용해왔고, 지금도 사용되고 있다. 이탄은 탄화가 제대로 이뤄지지 않아 열량은 킬로그램 당 2,000 Kcal로 가장 낮다.

이탄과 달리 지하 깊은 곳에서 압력과 열을 오랜 기간 받아 형성된 최초의 석탄이 갈탄(lignite)이다. 이탄층의 수분 등이 제거되고 탄화가 진행되어 석탄층으로 변화하는데, 통상 석탄층 1m가 생성되기 위해서는 이탄층 8m가 필요하다. 갈탄은 이탄에서 탄화가 진행된 첫 석탄이다. 갈탄은 연소 과정에서 연기가 발생하여 유연탄이라고 하는데, 열량은 킬로그램 당 4,000Kcal로서 석탄 중에서는 중간 정도 된다. 제철 등 산업용으로 사용하기에는 열량이 낮아 주로 가정용 난방 연료로 많이 사용된다.

갈탄과 같은 유연탄으로서 탄화가 더 진행된 석탄이 역청탄(bituminous coal)이다. 역청탄은 지하에서 약 100도 내지 150도 정도의 고열을 받아 형성되는데, 탄소 함량은 80~90%이고 발열량은 킬로그램 당 8,000Kcal 이상이나 되어 석탄 중에서 가장 열량이 높다. 화력이 강력하기 때문에 제철소에서 코크스로 많이 사용될 뿐만 아니라 석탄화학용 재료로도 사용된다. 하지만, 연소 시 연기가 많이 발생하는 단점이 있어 난방용으로는 적합하지 않다.

역청탄보다 탄화가 더 진행된 석탄이 무연탄(anthracite)이다. 무연탄은 지하에서 160 내지 170도 이상의 열이 가해져서 만들어지는데, 탄소가 85% 이상이나 된다. 연소 시 연기가 발생하지 않는 반면, 점화점이 490도나 되어 불이 쉽게 붙지 않는 단점도 있다. 이 단점은 오히려 안전하게 보관할 수 있는 장점이 되기도 한다.

화력은 유연탄보다 낮은 킬로그램 당 7,000Kcal 수준이지만, 안전한 보관이 가능하고 연기가 나지 않는 장점 때문에 주로 가정용 연료로 사용된다.[14]

석탄이 사용되기 전 가장 보편적인 연료는 짚과 장작이었다. 통상 농촌에서는 수확이 끝나면서 나오는 짚을 연료로 많이 이용하기도 하고, 장작을 사용하기도 했다. 당시 영국에서는 도시 에너지가 문제였다. 도시에서는 짚을 쉽게 구할 수 없어 주로 장작을 이용했다. 장작을 생산하기 위해서는 숲에서 나무를 베고, 이를 팬 다음, 먼 길을 수송하여야 했다.

또, 동일한 무게인 경우, 장작이 짚에 비해 열량이 훨씬 높고 부피도 작아 수송에도 유리하며 소비자들이 보관하기에도 좋았다. 그런데, 이 모든 과정에는 엄청나게 많은 노동력이 투입되어야 했다.

에너지 효율 측면에서도 석탄이 우수하다. 일정 단위 무게나 단위 부피에 포함된 에너지양을 측정하는 척도인 에너지 밀도를 따져 봐도 석탄이 나무보다 훨씬 높다. 석탄의 에너지 밀도는 킬로그램 당 4천 내지 8천 Kcal인 데 비해 장작은 이의 2/3 수준에 불과하다. 그리고 부피 기준의 에너지 밀도를 고려하면 석탄이 같은 무게라도 부피를 훨씬 적게 차지하기 때문에 에너지 밀도가 나무보다 더 높다.

이는 동일한 열량의 조건 하에서 석탄의 부피가 훨씬 작아 수송과 저장에도 유리하다는 것을 의미한다. 여러 측면에서 나무는 석탄과 비교할 수 없는 연료이고, 석탄을 사용하지 않을 이유가 없었다고 하겠다.

생물 에너지에 의존했던 석탄 생산

16세기 영국의 에너지 부족을 해결해 준 석탄은 영국 전역에 분포해 있었다. 석탄의 존재가 알려지면서 초기에는 지표면에 드러난 석탄 광맥을 찾아 석탄을 생산하였다. 산비탈이나 해안가 절벽에 드러난 석탄 광맥에서도 석탄을 생산하였다. 이렇게 지표면으로 튀어나온 노두(outcrop)가 석탄 매장지를 찾는데 아주 중요한 징표였다.

평지에서는 우물을 파듯이 '유(U)'자 모양의 구덩이를 파서 석탄을 생산했고, 해안가나 산비탈에서 발견된 광맥은 수평으로 갱을 만들어 가서 생산했다. 그리고 지표면 인근에 묻힌 석탄이 고갈되면 지하 깊은 곳으로 더 파들어가서 생산하였다.

13세기 석탄 소비 규모가 크지 않던 시절에는 영주들이 농노에게 석탄 채굴을 맡겼지만, 16세기 석탄 소비가 늘어나고 석탄 생산을 자유민들이 주도하면서 석탄 생산이 전문화되었다. 농촌으로부터 유입된 노동자들이 광부(miner)로 불리면서 석탄 생산을 담당했다. 그런데 석탄을 생산하는 작업이 몹시 위험하고, 이들이 살아가는 생활 환경도 열악하여 광부들은 그들만의 고유한 언어와 생활 습관을 형성하였다. 이들이 만든 특이한 집단 문화로 광부들은 중세 장인과는 달리 주변 농민들과 융화되지 못하고 갈등을 빚는 일들이 많았다.

한편, 영국 북부 스코틀랜드 광부들의 사회적 신분은 더 열악했다. 이곳에서는 광부뿐만 아니라 광부의 전 가족이 광산에 예속되어 광산 재산의 일부로 취급되는 경우가 많았다. 마치 중세 농노처럼, 이들은 평생을 광부로 살아가는 동시에 광산 소유권이 팔리면 가족과 함께 매각되었다. 심지어 일정한 대가를 받고 광산 노예로 투탁하는 경우도 있었다.

광부들은 효율적인 석탄 생산을 위해 전문적으로 조직되었다. 좁은 갱에서 석탄을 캐내는 채탄부(hewer), 바구니에 담은 석탄을 끌어서 옮기는 이송원(putter), 지상에서 내려온 바구니에 석탄을 담고 이를 밧줄에 매다는 조차원(onsetter), 지상에서 이를 끌어올리는 사람(windman) 등 채탄 과정이 여러 개의 작업 단위로 나눠져 전문화되었다. 그리고 석탄 생산에는 엄청나게 많은 에너지가 필요했다. 석탄을 갱 밖으로 끌어 올리고, 갱내의 물을 퍼내고, 갱내로 공기를 불어 넣는 작업에 축력과 수차 등 여러 방법들이 활용되었지만, 석탄을 직접 캐내는 일은 인간의 노동력에 의존하지 않을 수 없었다.[15]

석탄 생산 과정이 전문화되었다고 해서 석탄 생산이 쉬워진 것은 아니었다. 전문화에도 불구하고 석탄 생산을 어렵게 하는 요인들은 여전히 존재했고, 오히려 광산이 깊어지면서 이런 요인들은 더 많아지기도 했다. 어둡고, 축축하며, 숨이 막힐 정도로 답답한 좁은 공간에서 광부들은 우선 각종 가스에 질식될 가능성이 높았다. '질식 가스(choke damp)', '백색가스(white damp)', '폭발 가스(fire damp)'로 각각 불린 이산화탄소, 일산화탄소, 메탄(methane)가스는 광부들 주변에서 항상 괴롭혔다.

가스 질식사를 막기 위해 광부들은 개, 쥐, 카나리아와 같은 동물들을 갱으로 갖고 들어갔는데, 이 중 카나리아가 일산화탄소를 찾아내는 데 가장 효과적이었다. 그리고 유독 가스에 중독되면, 광부를 갱 바닥에 엎드려 놓기도 했고, 중독이 심하면 맥주를 먹여 광부를 살리기도 했다.

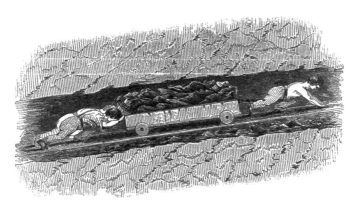

1800년대 갱 내 석탄 수송하는 모습(출처 브리타니카)

이들 가스 중 가장 큰 골칫거리는 폭발성이 큰 메탄이었다. 메탄가스는 공기보다 가벼워 갱내 천장에 모이는데, 폭발하게 되면 갱내의 광부들은 물론이고 지상에 있는 사람들이나 시설물도 날려버릴 정도로 폭발력이 대단했다. 유독 가스를 갱 밖으로 빼내는 환기 방법이 적절치 않았던 당시에는 이 가스를 갱내에서 의도적으로 폭발시켰다.

메탄가스를 전문적으로 처리하는 광부를 '화부(fireman)'[16]라고 했다. 화부는 물에 젖은 천을 뒤집어 쓴 채 메탄가스가 모여 있는 지점에 다가가서는 갱 바닥에 엎드려서 메탄가스에 불을 붙였다. 메탄가스는 가벼워 석탄 갱 천장에 모인다는 특성을 알았기에 점화된 메탄가스가 폭발하는데도 불구하고 바닥에 엎드려 있는 화부는 살아남을 수 있었다.

유독 가스보다 더 심각한 문제는 침수였다. 탄광이 심부화되면서 지하수는 더 많이 쏟아져 들어왔다. 지상에서 흘러들어온 빗물뿐만 아니라, 석탄갱이 지하수면(water table) 이하로 내려가면 지하수가 여러 곳에서 흘러들어 광산이 침수되기 일쑤였다. 또한, 석탄갱이 강 밑을 지나가면서 강물이 갱내로 쏟아져 들어오는 사고도 있었다. 지하수를 퍼내기 위해 두레박, 수차, 풍차를 동원하기도 했고, 말이나 나귀 같은 가축을 활용하기도 했다.

대형 광산에서는 이런 가축을 50~60마리나 투입하였는데, 이 또한 비용이 결코 만만찮았다. 이런 비용에도 불구하고 침수는 석탄 생산을 불가능하게 만들었기에 광산주들은 사활을 걸고 이 문제에 매달렸다.

배수에 가장 효과가 좋은 방법은 비용이 많이 들더라도 배수 터널을 파는 것이었다. 탄광이 지하로 깊이 들어가면서 배수 터널도 점점 더 길어져, 1~2km 배수 터널은 다반사로 존재했고, 심지어 8km가 넘는 배수 터널도 있었다. 광산주들은 비용을 아끼기 위해 가급적 터널 크기를 작게 만들려고 했다.

사람 한 명이 겨우 들어갈 수 있는 지름 50cm에도 못 미치는 배수구도 있었다. 이런 배수 터널이 영국 최대 석탄 생산지였던 뉴캐슬에 수백 개가 존재했다. 하지만, 수많은 배수 터널에도 불구하고 탄광 침수는 더 심각해졌고, 심지어 침수 때문에 석탄 생산이 20년도 못 갈 것이라는 비관적인 전망이 나오기도 했다. 혁명적인 기술이 나오지 않으면 배수는 영원히 해결할 수 없는 문제로 보였다.[17]

철 생산에 쓰인 석탄

난방과 취사에 주로 사용되기 시작했던 석탄은 17세기에 접어들면서 영국의 주력 에너지원으로 자리 잡았다. 영국 에너지 소비에서 석탄이 차지하는 비중이 나무를 능가하게 된 시기는 1620년대였고, 1650년대에는 65%, 1800년에는 90%에 이르렀다고 한다.[18]

17세기에 석탄은 가정용 난방 연료로 가장 많이 사용되었지만, 산업용으로도 사용되었다. 철을 다루는 대장간, 벽돌과 타일 등을 만드는 공방, 암염, 녹말, 비누를 만드는 공장 등 연료가 필요한 곳이면 어김없이 나무가 아니라 석탄이 사용되었다. 석탄의 용도가 확실히 늘어난 것은 사실이었지만, 한계도 있었다. 석탄은 연소 과정에서 나오는 공해물질이 많은 관계로 불순물이 들어가서는 안 되는 제품을 만드는 분야에서는 사용되지 못했다. 유리 제조 분야가 석탄 사용이 늦었던 가장 대표적인 분야로 꼽히고, 제철 분야도 여기에 해당된다. 그런데, 18세기가 되면 제철에도 석탄을 사용하는 기술이 개발되었다.

제철에서 석탄이 대량으로 사용된 계기는 코크스(cokes)의 발명이었다. 코크스가 사용되기 전 철광석을 녹이는 연료는 숯이었다. 숯은 나무에 포함된 각종 불순물을 숯을 만드는 과정에서 연기 등으로 날려 버린 순수한 탄소 덩어리이다.

숯을 만드는 데에는 엄청나게 많은 나무가 필요했다. 철 1kg을 생산하기 위해서는 최소한 8kg의 숯이 필요했고, 숯 1kg을 만들기 위해서는 5kg의 나무가 있어야 했다. 그러니까, 철 1kg을 생산하기 위해 대략 40kg의 나무가 사용되었다.

1720년대 영국에는 60여 기의 용광로(blast furnace)가 연간 1만 7천 톤의 철을 생산했다. 이들 용광로는 약 68만 톤의 나무를 소비했는데, 용광로 하나 당 반경 4km에 달하는 숲이 필요했다. 나무를 대량으로 소비했던 용광로는 연료 확보를 두고 도시와 경쟁할 수밖에 없었다. 나무가 귀해지면서 연료난에 시달린 도시민들은 용광로를 연료난의 원인으로 지목하고는 용광로 폐쇄를 국왕에게 청원하기도 했다. 이런 사회적 압박과 연료난을 이기지 못한 용광로는 숲이 우거진 산속으로 들어갈 수밖에 없었다.

이런 변화에는 부피가 큰 숯을 도시 주변 용광로로 수송하는 것보다 나무가 흔한 산간 숲속으로 용광로를 가지고 들어가서 철을 생산하고, 부피가 작은 철을 도시로 공급하는 것이 훨씬 경제적이라는 판단이 작용했다. 그리고 수자원이 존재하는 산속 계곡에 수차를 설치하여 풀무질 등 각종 작업에 필요한 동력을 덤으로 확보할 수도 있었다.[19] 하지만, 이미 숲이 심각하게 사라져 연료 위기를 맞고 있는 영국에서 이런 변화는 충분치 않았고, 이를 해결하는 돌파구는 역시 석탄에 있었다.

제철 분야가 직면한 연료 부족을 해결해 준 코크스는 석탄을 열분해(pyrolysis)하여 만든 연료이다. 코크스는 숯을 만드는 것처럼, 산소 공급을 극도로 줄인 오븐(oven)에서 유연탄을 태워 제조한다. 숯처럼 순수한 탄소 덩어리인 이 코크스는 불순물이 거의 없을 뿐만 아니라, 숯보다 훨씬 적은 부피에도 불구하고 강력한 화력을 가진다. 코크스는 1640년대부터 주류 제조 분야에서 사용되고 있었다.

맥주와 위스키를 제조하는 주류 공정은 청결을 유지해야 했는데, 원료인 맥아를 건조하는 데 많은 연료가 필요했을 뿐만 아니라 유황과 검댕 같은 불순물이 발생하지 않는 연료가 필요했다. 불순물이 거의 없어 청정 연료로 취급되었던 코크스가 제철 분야에 도입된 것은 이보다 100년이나 지난 뒤였다. 1700년대 초반 에이브러햄 다비(Abraham Darby)라는 철물 제조업자가 숯 대신 코크스를 이용하여 최초로 철을 생산했다.[20]

하지만, 1700년대 영국의 철 가격이 하락하고, 삼림 자원이 풍부했던 스웨덴으로부터 값싼 철이 유입되면서 영국 제철업자들은 코크스를 사용할 수 없었다. 1750년대 철 가격이 회복된 뒤에야 신규 용광로를 지으려는 제철업자들을 중심으로 코크스가 사용되기 시작했다.

제철용 연료가 숯에서 코크스로 전환되면서 용광로의 규모가 놀랄 정도로 커졌다. 숯을 사용했던 용광로는 크기가 큰 경우가 높이 8m 정도였는데, 코크스 기반 용광로는 보통 8m를 넘겼고, 19세기 초에는 높이 14m 용광로가 일반화되었다. 19세기 말이 되면 높이 25m 용광로도 출현하였다. 용광로 높이가 늘어나면서 내부 용적도 커졌다. 높이 8m 용광로의 내부 부피는 17㎥를 넘지 못했지만 14m 높이 용광로는 70㎥나 되었다. 규모가 커짐에 따라 제철 공정의 생산성은 당연히 개선되었다.

19세기 숯 기반 용광로는 하루 10톤도 생산하지 못했지만, 19세기말 코크스 기반 용광로는 하루 250톤 이상의 철을 생산하였다.[21] 코크스는 제철뿐만 아니라 연료가 대량으로 필요했던 구리 제련 등에도 사용되었고 이는 급속한 석탄 수요 증가로 연결되었다. 제철 분야에 석탄으로 만든 코크스가 도입되어 철 생산이 증가하면서 모든 산업이 혁명적 변화를 겪는 순간이 다가오고 있었다.

16세기에 단순히 가정용 연료에 불과했던 석탄이 18세기에 산업용이 되면서 화학용으로 확대되었다. 석탄의 화학 제품화는 1781년 스코틀랜드의 던도널드 백작(Earl Dundonald)이라는 귀족이 석탄에서 타르(tar)를 성공적으로 추출하면서 시작되었다.

젊은 시절 해군 장교로 근무한 적이 있는 던도널드 백작은 목재 군함 밑바닥에 배좀벌레조개(shipworm) 등 각종 어패류가 달라붙어 배의 바닥에 구멍을 뚫어 버리는 현상을 목격했다. 그리고 다른 조개들도 군함 바닥에 달라붙어 배의 속도를 떨어뜨려 해군은 이를 해결하기 위해 고심하고 있었다.

던도널드 백작 집안은 스코틀랜드 수도 에든버러 인근에 영지를 갖고 있었다. 이 영지에서 석탄, 목재, 철광석, 소금 등 당시 돈이 되는 자원들을 생산하고 있었는데, 던도널드 백작은 해군에서 퇴역하고 고향으로 돌아와서는 석탄 광산을 경영하였다. 집안의 부를 축적하기 위해 고심하던 그는 해군 시절 배좀벌레조개 문제를 기억하고는 석탄을 활용하는 방법을 찾기 시작했다. 그는 코크스를 생산하던 방식과 유사하게, 가마(kiln)에 석탄을 넣고 산소 공급을 조절하면서 석탄을 태워 타르(tar)를 뽑아내는데 성공했다. 그리고, '콜타르(coal tar)'라고 불린 이 신물질을 선박 외부에 발라 배좀벌레조개를 막을 수 있었다.

그런데, 그가 영국 해군에 콜타르를 제안했지만, 영국 해군은 무슨 이유 때문인지 이 제안을 거절하고 함선에 청동 장갑을 입히는 것으로 결정하였다.[22] 콜타르는 영국 해군에서는 거절당했지만, 이후 선박은 물론 지붕 등에 발라 아주 우수한 방수재로 사용되었다. 돈더널드 백작 덕에 석탄 화학이라는 새로운 분야가 탄생하였고 이후 화학 산업이라는 새로운 산업이 시작되었다.

밤을 밝힌 석탄

　석탄은 난방과 취사와 같은 가정용에서 산업용과 수송용으로 용도가 확대해 가는 과정에서 19세기에는 밤을 밝히는 연료로도 변신하였다. 석탄 가스가 사용되기 전, 인류에게 밤은 암흑을 의미했고, 밤이라는 시간적 제약으로 인간의 활동은 제한되었다. 해가 지고 나면 길거리를 다니는 것은 거의 불가능했고, 일반 가정에서는 등화용 연료가 변변치 못해 한 시간 이상 불을 밝히는 것도 쉽지 않았다. 이마저도 경제적 여유가 있는 계층에서나 가능했다.

　공장에서도 야간작업이 불가능했다. 등화 비용도 비쌌을 뿐만 아니라, 전통적인 등화방식은 밝기, 즉 조도가 시원찮아 야간작업을 하기에 충분치 않았다. 하지만, 나폴레옹 전쟁이 발발한 1800년대 초반, 석탄 가스가 개발되어 등화용으로 사용되면서 이런 시간적 제약은 극복되었고 인간의 활동 시간을 늘릴 수 있었다.

　전통적인 등화 방법은 계층에 따라 크게 차이가 났다. 소득 수준이 낮은 농민과 노동자들에게는 벽난로 불빛이 유일하게 밤을 밝히는 수단이었다. 형편이 조금 나은 농민들은 개울가와 같은 물

19세기 석탄가스 광고 포스트(출처 미국 델라웨어 대학 머티리얼 매터즈)

가에 자라는 골풀(rush)을 활용했다. 골풀을 채취하여 껍질을 벗기고 속대를 말려, 베이컨 등 구할 수 있는 어떠한 기름이라도 있으면 이를 먹여 호롱불처럼 사용하였다.

형편이 좀 더 나은 지주 계층은 각종 기름을 사용했다. 돼지기름, 소기름, 생선 간 등 동물성 기름뿐만 아니라, 호두 등 식물성 기름도 활용하여 밤에 불을 켰다. 이들 기름은 연기와 그을음이 나오는 단점이 있었지만, 골풀보다는 훨씬 편리했다. 이들보다 더 여유가 있는 왕족, 귀족들은 벌꿀에서 나오는 밀랍을 이용하여 촛불을 켰는데, 이는 가장 깨끗한 등화 방식이었다.

18세기 후반부터 석탄 가스를 만들려는 시도는 여러 곳에서 있었다. 유럽에서 석탄을 최초로 사용한 영국은 물론이거니와, 프랑스, 독일, 이태리 등 석탄을 사용하는 거의 모든 유럽국가에서 석탄 가스를 생산하는 방법들을 실험하고 있었다. 석탄 가스는 석탄을 태워 발생한 가스를 모으고, 가스에 포함된 각종 유해 물질과 악취를 제거하기 위해 물을 통과시켜 최종적으로 만들어졌다. 코크스를 생산했던 던도널드 백작도 석탄 가스를 연구했는데, 가스를 낡은 소총 총신에 모으는 방법을 고안하기도 했다.

또한, 백파이프 주머니나 기름을 먹인 비단 주머니 등에 가스를 담기도 했다. 이 가스는 집에서 등화용으로 사용되거나 혹은 대중들 앞에서 가스 불꽃을 보여주는 행사용으로도 사용되었다. 그리고 석탄 가스가 연소할 때 발생하는 화려한 불꽃은 장식용으로 쓰이기도 했다.

이런 기술 개발에도 불구하고 석탄 가스를 상업화하는 것은 쉽지 않았다. 석탄 가스를 대량으로 생산하여 공급하는 시설과 관련 장비를 제작하는데 많은 투자가 필요했기 때문인데, 증기 기관 개발로 탄탄한 사업 기반을 확보하고 있던 제임스 와트와 매튜 볼턴이 석탄 가스 사업에 뛰어들었다. 이들은 1800년 맨체스터에 면방직 공장을 지으려는 한 사업가로부터 가스등 설치를 의뢰받았다.

사실 볼턴과 와트의 증기 기관 제작 공장에서는 석탄 가스 생산 실험이 진행되고 있었는데, 이 방직 공장 사장이 볼턴과 와트의 가스등 시연을 보고는 가스등 설치를 결심하게 되었다. 볼턴과 와트는 당시로서는 거금인 4천 파운드를[23] 투자하여 가스등 장비 개발에 착수하였다. 약 3년간의 노력 끝에 1805년 이들은 맨체스터 방직 공장의 기름등잔과 촛불을 가스등으로 대체하였다.

이후 가스등은 런던 등 대도시를 중심으로 빠른 속도로 보급되었다. 1807년 런던 최대 번화가 폴몰(Pall Mall) 상가에 가스등이 가로등으로 설치되어 거리를 밝혔다. 가스등은 가스 공급량을 변화시켜 불의 밝기를 조절할 수 있어 편리했고, 다른 등화 방식보다 화재 위험도 낮아 안전하였으며, 그을음과 냄새가 나지 않아 깨끗하기까지 했다. 가스 수요가 늘어나면서 도시 외곽에는 가스를 대량으로 제조하는 도시가스 (town gas) 공장들이 들어섰고, 여기에서 생산된 가스를 시내로 수송하는 가스 배관망이 건설되었다.

석탄 가스가 대량으로 공급된 지역에서는 난방과 취사에 석탄 가스를 사용하기도 해 석탄을 대체하는 일도 있었다. 오늘날 도시가스의 원형이 이 시기부터 시작되었다. 도시가스의 여러 장점으로 유럽과 미국 등에서도 석탄 가스가 빠르게 수용되었다. 미국에서는 1807년에 개별 가정에서 가스등을 사용하기도 했으며, 1813년에는 방직 공장에 가스등이 설치되었다.

석탄이 탄생시킨 증기 기관

석탄 광산의 심부화와 이에 따른 침수 문제는 아이러니하게도 석탄에 의해 해결되었다. 석탄으로 가동되는 증기 기관이 만들어지고, 이것이 광산 배수 펌프를 가동하는 용도로 설치되면서 침수 문제는 해결될 수 있었다. 증기 기관은 화석 연료로 가동되는 최초의 원동기(prime mover)였는데, 석탄 생산을 위해 석탄을 사용했던 것이다.

사실 증기 기관이 발명되면서 석탄은 이제 단순히 난방과 취사 연료를 뛰어넘어 수차, 풍차와 경쟁하는 에너지가 되었다. 증기 기관은 광산에서 물만 퍼낸 기계는 아니었다. 세계사는 이제 증기 기관 이전과 그 이후로 나뉠 만큼 증기 기관이 혁명적 변화를 갖고 왔다.

지하수가 석탄갱으로 유입되는 문제는 석탄 생산 초기부터 해결하려고 했던 골칫거리였다. 가장 많이 사용된 배수 방법은 말을 이용한 두레박이었다. 도르래에 매달린 물통을 말이 끌어 올리거나, 물레를 설치하여 말이 그 주변을 빙빙 돌아다니면서 물을 퍼

올렸다. 갱이 깊어지면서 말의 힘으로 물을 퍼내는 방법이 한계에 봉착했다. 바람이 잘 부는 곳에서는 풍차를 이용하기도 했지만 바람이 항상 일정하게 불지 않는 것이 문제였다.

침수를 해결하지 못한 광산은 채탄 자체를 포기해야 했고, 이런 이유로 영국에서는 생산이 중단되어 버려진 석탄 광산이 부지기수였다. 광산 침수의 심각성으로 1660년에 설립된 영국왕립학사원(Royal Society)은 이 문제를 설립 연구 주제로 선정되기도 했다. 이를 해결하기 위해 뉴턴 등 당대의 내로라하는 왕립학사원 과학자들이 나설 정도로 심각하였다.

석탄 갱 침수를 해결하는 방법은 펌프였다. 당시 영국 과학계는 진공이 발생하면 이 진공을 없애기 위해 주변 공기가 몰려든다는 점을 발견하였다. 그런데, 가장 큰 장애는 진공을 만드는 방법이었는데, 폭약을 터뜨려 진공을 만들어 보기도 해봤지만 이를 광산에 적용하는 것은 불가능했다.

그런데, 1690년대 영국에 살고 있던 프랑스인 드니 파팽(Denis Papain)이 증기를 이용하여 진공을 만드는 방법을 고안했다. 그는 청동 실린더 한쪽 끝에서 물을 끓여 발생한 증기로 피스톤을 밀어 올린 뒤, 불을 끄고는 피스톤이 내려오는 현상을 왕립학사원 회원들 앞에서 시현하였다. 즉, 증기가 식어 응축하면서 생긴 진공을 피스톤이 대기압 무게에 눌려 제자리로 내려오는 현상이었다. 이 실험은 진공을 증명하는 데에는 성공했지만, 광산의 물을 퍼낼 만큼 피스톤의 힘이 강력하지는 않았다. 또한, 당시에는 청동 재질과 용접 기술이 대용량 펌프를 만들만큼 발달하지도 못하여 광산용 펌프를 만드는 것은 불가능하였다.

파팽의 성공적인 진공 실험은 영국 서남부 데번셔(Devonshire)의 철물상 토마스 뉴커먼(Thomas Newcomen)에 의해 증기 기관으로 탄생했다. 1700년 무렵 뉴커먼은 원료를 구하러 주석 광산에 자주 다녔다. 주석 광산도 석탄 광산과 마찬가지로 지하수를 퍼내는 것이 중요한 일이었고, 뉴커먼은 이 사정을 잘 알고 있었다.

뉴커먼은 증기를 만드는 보일러를 따로 설치하고, 여기에서 만든 증기를 실린더 아래로 집어넣어 피스톤을 위로 밀어 올렸다. 피스톤이 최정점에 이르면 실린더 다른 쪽 밑으로 찬물을 집어넣어 실린더를 급속히 식혀 진공을 만듦으로써 피스톤이 빨리 내려올 수 있게 하였다. 증기 기관이 탄생하였고, 증기 기관을 당시 광산에서 사용되던 펌프와 연결시켜 진공 펌프를 만들었다.

1712년 최초의 증기 기관이 버밍햄의 석탄 광산에 설치되었다. 지름 53cm, 높이 2.4m의 청동 실린더와 보일러로 구성된 증기 기관이 지하 50m의 석탄갱에 고여 있던 물을 퍼내는데 성공했다. 이후 뉴커먼의 증기 기관은 개량을 거듭하여, 1720년대에는 지름 1.2m 실린더를 장착한 증기 기관이 지하 100m가 넘는 갱의 배수에 사용되었고, 1760년대에는 석탄 광산뿐만 아니라 철광산 등에 수백 대의 뉴커먼 증기 기관이 설치되었다.

그런데, 뉴커먼이 발명한 증기 기관은 엄청나게 컸다. 실린더와 피스톤 등을 포함한 증기 기관은 집채만 했고, 과장이 좀 섞인 얘기지만, 이 정도 크기의 증기 기관을 만들기 위해서는 철광산 하나쯤 있어야 한다고 할 정도로 철이 많이 사용되었다.

어쨌든 그의 증기 기관 발명은 큰 성공이었다. 1800년까지 550대가 설치되었던 뉴커먼 증기 기관은 당시까지 축력으로 가동했던 펌프보다 경제적이었다. 말 50마리보다 증기 기관 한 대가 더 깊은 갱의 물을 퍼낼 수 있었다. 탄광 배수용 말의 유지비용이 연간 900파운드 정도였던 데 비해 뉴커먼 증기 기관은 이의 1/6인 연간 150파운드에 불과했다.

더욱이 광산에서 생산된 석탄을 연료로 바로 사용할 수 있어서 연료비용이 거의 들지 않았던 점이 비용 하락의 가장 큰 원인이었다. 뉴커먼 증기 기관의 또 다른 결과물은 석탄 가격의 하락이었다. 증기 기관 덕분에 침수된 탄광들이 생산을 재개하고, 배수용 터널을 만드는 비용도 절약할 수 있어서 싼값에 석탄 공급을 늘릴 수 있었다.

탄광 배수 문제를 해결하기 위해 도입된 증기 기관은 제임스 와트(James Watt)에 의해 완성된다. 그는 젊은 시절 런던에서 해도 제작을 배우기도 했다. 영국이 해외 진출에 진력하고 있던 당시 바닷길을 알려주는 해도는 없어서는 안 되는 핵심 요소였다.

정밀한 제작 기법이 요구됐던 해도 작성은 당시로서는 최첨

단 정밀 산업이었다. 이후 와트는 스코틀랜드의 글래스고 대학 (University of Glasgow) 과학 조교로 일하는 한편, 실험 도구를 제작하는 사업도 함께 하였다. 1763년 글래스고 대학이 그에게 뉴커먼식 증기 기관 수리를 맡기면서 와트는 증기 기관에 관심을 갖기 시작했다.

그는 뉴커먼 증기 기관이 에너지, 즉 석탄의 낭비가 너무 심하다는 점에 착안했다. 뉴커먼 증기 기관은 진공을 만들기 위해 뜨거운 증기로 가득 찬 실린더 내부에 차가운 물을 직접 분사하여 증기를 응축시켰다. 그렇게 식혀진 실린더에 또다시 뜨거운 증기를 집어넣어 피스톤을 밀어 올리는 작업을 반복하였다.

그런데, 주입된 증기는 식혀진 실린더를 데우는데 많은 에너지를 소모하였다. 와트는 뉴커먼 증기 기관이 열 손실을 많이 발생시킨다는 점을 발견하고는 증기를 식히는 탱크를 실린더와 별도로 설치했다. 즉, 응축기(condenser)라고 불린 별도 탱크로 증기를 빼내어 응축시킴으로써 실린더가 차가워지는 것을 방지하였다. 와트의 응축기는 증기 기관의 열효율을 크게

1700년대 초반의 증기 기관(출처 미국기계공학자 협회).

개선하였다.[24]

열효율을 개선한 신형 증기 기관은 1776년에 출시되었다. 1769년 와트는 신형 증기 기관의 특허를 획득하고, 1775년 자금력이 풍부한 사업가 매튜 볼턴(Matthew Boulton)과 '볼턴과 와트(Boulton & Watt)'라는 합작 회사를 차려 공동으로 증기 기관 제작과 판매에 나섰다. 볼턴과 와트는 신형 증기 기관을 판매하면서, 기술 혁신을 거듭하였다.

대표적인 사례로는 수직 혹은 수평 왕복 운동만 했던 증기 기관의 운동을 회전 운동이 가능하도록 하는 유성 기어 장치(sun and planet gear)를 개발하여 1781년 특허를 확보하였다. 또한 볼턴은 사업수완도 뛰어났는데, 그는 영국 의회로부터 와트의 증기 기관 특허를 1800년까지 연장시키는 데도 성공하였다.[25]

석탄이 유도한 산업혁명

　증기 기관은 석탄을 에너지로 사용하여 동력을 대량으로 생산하는 기계이다. 이 기계의 발명으로 영국은 산업혁명(Industrial Revolution)을 시작할 수 있었다. 탄광 배수 문제를 해결하기 위해 만든 증기 기관은 동력이 필요한 거의 모든 산업으로 퍼져나갔다.

　철뿐만 아니라 구리 등을 생산했던 각종 용광로, 면방직기, 곡물 제분기, 금속 가공 기계 등 증기 기관을 사용하지 않는 분야가 없었다. 이들 공장에 증기 기관을 설치하는 것은 어려운 일이 아니었다. 가축, 수차, 풍차 등 에너지를 공급하던 시설이 있던 자리에 이들을 철거하고 증기 기관을 설치하기만 하면 되었다.

　영국의 초기 산업화는 면화에서 실을 뽑아내는 방적 산업에서 출발했다. 증기 기관이 보편화되기 전, 방적 공장의 주력 에너지 공급 장치는 수차였다. 영국 북부는 강과 산이 많아 풍부한 수량과 낙차를 이용하여 수차를 쉽게 설치할 수 있었고, 이들 공장은 에너지를 확보하기 위해 계곡으로 대거 몰렸다.

　제임스 와트는 이들 방적 공장을 증기 기관의 수요처로 보고,

이들 공장을 집중적으로 판촉 대상으로 삼았으며, 1786년 처음으로 방적 공장에 증기 기관을 설치하는 데 성공했다.

초기 증기 기관은 큰 인기를 끌지 못했다. 방적 공장의 수차를 돌리는 물은 공짜였던 반면, 증기 기관 연료였던 석탄은 지나치게 비쌌다. 또한, 증기 기관의 기술적 완성도가 낮아 고장이 잦았고, 이로 인해 생산이 중단되는 경우도 많았다. 더욱이, 수차는 댐이나 저수지를 설치하거나 확장하고 부품을 철로 교체하면서 출력의 규모와 안정성이 크게 향상되었다.

당시 수차 출력은 300~500마력이나 되었지만, 증기 기관은 60마력에 불과했다. 1800년경 영국 면화 방적 공장에 설치된 증기 기관이 84대에 불과했던 반면, 수차는 약 1,000여대가 넘는 점만 봐도 방적 산업에서 수차가 압도적으로 많은 에너지를 공급하고 있었다는 것을 알 수 있다.

1830년대 들어 수차는 증기 기관에게 자리를 내주기 시작했다. 공장이 늘어나면서, 수차에 풍부한 유량과 낙차를 제공할 수 있는 지형이 제한되어 공장들이 들어설 수 있는 부지가 부족했던 게 큰 원인이었다. 수차가 설치된 계곡은 평지보다 공장을 지을 수 있는 공간이 많지 않았다. 공장 부지가 부족할수록 수차 건설에 들어가는 자본 투자는 늘어났다. 수차용 댐이나 저수지를 더 많이 건설해야 했고, 공장까지 물을 공급하는 수로의 길이도 점점 더 길어지면서 수차 건설에 투입되는 비용은 당연히 증가하였다.

수차의 지형적 제약요인 못지않게 산골 공장에 노동력을 공급하는 것도 수차의 한계였다. 산골에 들어선 초기 방적 공장들은 인근 시골 농민들을 공장 노동자로 채용하였다. 그런데, 농민들은 노동 강도가 센 공장형 노동에 잘 적응하지 못했다.

한적한 시골에서 노동력을 확보하는데 어려움을 겪은 공장들은 어쩔 수 없이 노동력이 풍부한 대도시에서 노동자들을 데려와야만 했다. 이를 위해서는 노동자 숙소를 지어야 하는 등 또 다른 비용을 들여야 했다.

수차는 물 공급에 절대적으로 의존했는데, 강우량에 따라 공장 가동이 들쭉날쭉한 것도 문제였다. 영국 정부의 조사에 의하면, 여름 갈수기에는 물이 부족하여 공장을 6시간도 가동하지 못하는 날들이 많은 반면, 유량이 늘어나는 겨울에는 하루 13시간 가동하는 경우가 다반사였고, 심지어는 16시간까지 가동하기도 했다. 이런 현상은 곧 장시간 노동을 의미했다. 이런 이유로 영국에서는 1830년대부터 가혹한 노동 조건을 개선하려는 정치 운동이 시작되었다.

1848년에 영국이 제정한 '열 시간 노동 제한법(Ten Hours Act)'은 수력 에너지에 의존하는 공장에게는 죽음을 알리는 신호와 같았다. 이 법으로 방적 공장은 수력이 풍부한 시골에서 노동력이 풍부한 도시로 이동할 수밖에 없었고, 주력 에너지원은 수력에서 석탄으로 이전하였다. 또한, 수력 공급이 가능한 지역의 땅값이 증기 기관을 사용할 수 있는 평지의 땅값보다 훨씬 비쌌던 점도 공장 이동을 촉진시켰다. 증기 기관은 연료인 석탄의 가격이 비싼 단점이 있었지만, 이를 제외한 다른 비용들을 감안하면 전체적인 비용은 증기 기관을 설치하는 것이 더 유리하였다.[26]

석탄이 갖고 온 또다른 혁명

    석탄에 의해 가능했던 산업혁명은 사람과 물자의 이동에 혁명적인 변화를 일으키면서 완성되었다. 산업혁명에 의해 산업 생산력이 증대되고 이에 따른 공산품 생산이 늘어나더라도 이를 적절하게 수송할 수 있는 물류가 뒷받침되지 않으면 생산의 혁명적인 변화는 실질적 의미가 없다.

    영국의 산업혁명과 교통 혁명은 상호보완적 관계 속에서 영국 경제, 더 나아가 세계 경제의 총체적 변화를 촉진시켰다. 19세기 증기 기관차가 갖고 온 교통 혁명은 석탄 수송에서 시작되었다.

    증기 기관이 발명된 뒤 제임스 와트 외에도 증기 기관을 개선하려는 노력이 여러 곳에서 있었다. 광산이나 공장에서 사용되던 증기 기관은 크기가 너무 커 고정식으로는 사용할 수 있었지만 마차 등에 탑재하여 수송용으로 사용하는 것은 불가능했다.[27]

    그런데, 1800년 와트의 증기 기관 특허권이 만료되면서 여러 종류의 개량형 증기 기관들이 등장하였다. 그리고 제철 기술과 용접 기술이 발전하여 증기 기관의 높은 압력을 견딜 수 있는 소재들이 발명되었고, 이 결과 증기 기관의 크기를 전반적으로 줄일 수 있었다.

1829년 10월 영국 동북부 맨체스터(Manchester) 외곽에 위치한 레인힐(Rainhill)이라는 마을에서는 교통 혁명을 위한 역사적인 대회가 열렸다. 공업도시 맨체스터와 항구도시 리버풀(Liverpool)을 연결하는 철로를 건설하려는 회사가 이 구간에 투입할 기차를 선정하는 대회였다.

증기 기관차부터 마차까지 열차를 끌 수 있는 10종의 기차들이 대회에 참가했는데, 이 중 6일간의 대회를 끝까지 마친 기차는 5종밖에 되지 않았다. 마차는 대회 기간 중 말이 넘어지는 사고가 발생하여 탈락했고, 어떤 기관차는 증기 파이프가 파열되어 중도에 포기해야만 했다. 그리고 고정식 증기 기관에 밧줄로 화차를 끌어당기는 방식도 출품되었다. 이 대회의 최종 승자는 뒷날 '철도의 아버지'라고 불린 조지 스티븐슨(George Stephenson)의 증기 기관차였다.

사실 세계 최초의 증기 기관차는 레인힐 대회의 승자 스티븐슨 증기 기관차보다 25년 전에 탄생했다. 영국 서남부 석탄 광산에서 광산 기술자로 일했

트레비식(Trevithick)의 증기마차(출처 위키피디아).

던 리처드 트레비식(Richard Trevithick)은 고압 증기 기관을 발명하고 는, 부피를 크게 줄인 이 증기 기관을 마차에 설치하였다. 증기 자 동차처럼 생긴 '말 없는 마차(horseless carriage)'는 아주 신박한 발명 품이었지만 실용적이지는 못했다.

당시 도로 사정은 증기 마차가 다닐 수 있을 만큼 제대로 갖춰 져 있지 않았고, 일부 도로에 마차를 위해 설치된 목재 레일도 무 거운 증기 마차를 견딜 수 있을 정도로 튼튼하지도 않았다. 어쩔 수 없이 트레비식의 증기 기관차는 공장 내부에 철제 레일을 깔아 공장 내부에서만 사용되었다.

증기 기관차의 개념은 트레비식이 처음 제시했지만, 철도의 역사는 1825년 스티븐슨으로부터 시작되었다. 스티븐슨은 아버지 의 뒤를 이어 석탄 광산에서 일했다. 그는 뉴커먼 증기 기관 운전 공이 되면서 증기 기관을 알게 되었고, 뛰어난 기술 능력으로 석 탄 업계에 이름이 꽤 알려져 있었다. 1812년부터 그는 석탄 카르 텔인 '동업자 연합(Grand Allies)'[28]에 소속된 모든 광산의 기계를 책 임지고 운영할 만큼 기술력과 신임이 두터웠다.

스티븐슨은 동업자 연합의 후원 하에 마차 대신 증기 기관으 로 석탄을 수송하는 방안을 모색했고, 1825년 영국 동북부 더럼 (Durham) 지역 광산으로부터 강가 선착장에 이르는 약 40km의 철 로를 건설했다. 스톡턴-달링턴(Stockton-Darlington) 노선이라고 불린 이 철길은 고정식 증기 기관이 밧줄로 화차를 끄는 방식이었다.

그리고 1830년에 리버풀과 맨체스터를 연결하는 철도를 성공적으로 개통하면서 스티븐슨은 '철도의 아버지'가 되었다.

리버풀−맨체스터 철로가 성공적으로 개통된 후, 화물과 여객을 수송하는 물류 분야는 이제 혁명적인 변화가 기다리고 있었다. 리버풀은 해외로 진출한 영국이 전 세계로부터 각종 원료를 수입했던 항구 도시였으며, 이곳에서 50km 내륙에 위치한 맨체스터는 공업 도시였다.

리버풀 항으로 수입된 면화 등 각종 원자재들이 맨체스터의 방직 공장 등에서 공산품으로 만들어져 수출되었다. 또한, 여행객들이 두 시간 만에 다닐 수 있게 되어 두 도시를 오가던 마차 산업이 곧바로 폐업의 길로 들어섰다. 그리고 당시까지 화물 운송에 큰 역할을 했던 운하도 철도와의 경쟁에 직면하여 곧바로 그 역할을 내주기 시작했다.

증기 기관차와 철로가 탄생할 무렵, 유럽은 나폴레옹전쟁으로 몸살을 앓고 있었다. 나폴레옹은 1804년 프랑스 혁명의 혼란을 수습하고 황제로 등극한 후, 1815년까지 유럽 대륙을 상대로 전쟁을 벌였다. 그런데, 증기 기관차의 경쟁 상대였던 말의 가격이 전쟁의 영향으로 폭등하였다.

말은 전투용으로뿐만 아니라, 보급품 수송 등 여러 용도로 사용되었다. 특히 대포가 대형화되고 무거워지면서 말 외에는 대포를 이동할 방법이 없었다. 또한 나폴레옹 전쟁은 대륙을 상대로 한 전쟁이었기에 전투 규모도 엄청났고, 자연히 말 수요도 많았는데, 나폴레옹의 마지막 전투였던 워털루 전투에 프랑스군은 병력 25만 명, 군마 약 10만 마리를 동원하였다.

당시 군마들은 군대에서도 키웠지만, 민간으로부터 사들였다. 망아지를 조련하여 제대로 된 군마로 키우는 데는 약 5년이 소요되었고, 12살 정도에 퇴역시켰다. 전투에서는 말이 손실되는 규모가 엄청났다. 참전 군마의 약 30~40%가 부상 등으로 손상되었는데, 부상당한 군마는 힘과 기능이 떨어져 치료를 해도 다시 쓸 수 없었다.

그리고, 군마가 늘어나면서 말먹이인 건초와 곡물 수요가 급증하고 가격이 폭등하면서 말을 키우고 유지하는 비용이 크게 늘어났다. 군대뿐만 아니라 민간에서도 말을 이용하는 비용이 대폭 증가한 것이다. 막 등장한 증기 기관차는 이 덕분에 경제성을 가질 수 있었다.

나폴레옹 전쟁은 또 철제 레일을 사용할 수 있게 하였다. 마차용 목재 레일은 무게가 많이 나가는 증기 기관차용으로는 적합하지 않아 철제 레일이 반드시 필요했다. 석탄 사용으로 철의 대량 생산이 가능해졌지만, 목재 레일을 대체할 만큼 철 가격이 싸지는 않았다.

그런데, 나폴레옹 전쟁이 끝나면서 철의 수요가 줄어들어 철 가격은 급락했다. 철 가격 하락에 직면한 일부 제철업자들은 철 가격의 반등을 기다리기 위해 철을 저장할 목적으로 철로 건설에 철을 사용하기도 했다. 즉, 철로를 남아도는 철을 저장하는 창고 쯤으로 이해했던 것이다. 이렇게 저장된 철이 다시 팔렸는지는 알 수 없지만, 철 가격의 폭락으로 철이 목재 레일을 대체했던 것은 분명했다.

결국, 나폴레옹 전쟁이 말 가격 폭등, 철제 레일 건설 등을 유발하여 증기기관차가 달릴 수 있는 계기를 만들어 주었다.

초기 증기기관차는 승객들로부터 환영받지 못했다. 증기기관차는 화력이 강한 역청탄을 연료로 사용하여, 승객들은 증기기관에서 뿜어 나오는 매연을 뒤집어쓰기도 했다.

그리고 당시 기관차 속도는 시속 55km 정도였다. 이 정도 속도는 말이 전력으로 달리는 속도보다는 느렸지만, 통상 타고 다니는 말의 속도보다는 훨씬 빨랐다. 열차는 일상에서 경험하기 어려울 정도로 빠른 편이어서 승객들이 현기증을 느끼기도 했다. 또한, 열차 기술의 완성도도 낮아 각종 사고도 잦았다. 맨체스터-리버풀 노선은 개통하는 날부터 사망 사고가 발생하기도 했다.

이런 문제에도 불구하고 리버풀-맨체스터 간 철로는 수송 물량이 늘어나고 운영도 성공적이었다. 철도는 수익성 좋은 투자 대상으로 인식되었고, 이후 영국뿐만 아니라 유럽과 미국에서도 철도 건설에 대규모 투자가 이뤄지면서 철로 건설 붐이 불었다.

영국에서는 1845년 3,500km였던 철도 연장이 불과 7년만인

1852년에 10,000km를 돌파하였는데, 영국 전역이 철도 건설 공사판이었다고 한다. 그리고 프랑스와 독일 등 유럽 주요 국가에서도 1810년대부터 철도에 관심을 갖기 시작하여 1830년대에는 철도 건설이 본격화되었다. 미국에서는 1820년대부터 철도 건설이 시작되어 1850년에 철로 연장이 15,000km를 넘어섰다.

증기 기관이 육상 교통에 변화를 준만큼 해상 수송에도 큰 변화를 가져다줬다. 18세기 증기 기관이 발명되면서부터 이를 배에 장착하려는 시도들이 있었지만 번번이 실패하였다. 증기 기관이 너무 무거웠고, 증기 기관이 만드는 심한 진동으로 배가 균형을 잃어 침몰하는 사고가 빈발하였다. 1813년 드디어 영국 글래스고에서 증기 보트가 강을 처음 다니는 데 성공하였다. 이후 증기 기관을 탑재하려는 노력은 빠르게 발전하여 1819년에는 증기 기관을 설치한 범선이 대서양을 처음 횡단하였다.

1850년대에는 목재 범선이 아닌 철선에 증기 기관을 탑재한 배가 등장하면서 석탄은 해상 수송에도 혁명적인 변화를 갖고 왔다. 증기선은 범선과는 달리 바람이나 해류 방향에 영향을 받지 않고 연중 항해할 수 있어, 장거리 운항 시간을 크게 단축할 수 있었다. 하지만, 유럽 국가들은 전 세계 주요 항로에 석탄을 공급할 수 있는 기지, 즉 저탄지를 설치해야 하는 과제를 안게 되었고, 이를 위해 제국주의적 경쟁은 더 치열해졌다.

석탄이 바꾼 전쟁

석탄이 인류에 갖고 온 변화는 너무나 많아 일일이 다 거론할 수 없지만, 그 중에서 전쟁에 끼친 변화는 극적이었다. 나폴레옹의 대륙 전쟁이 증기 기관차와 철도의 탄생을 가능하게 해 주었다면, 이렇게 탄생한 증기 기관차와 철도가 이번에는 전쟁을 변화시켰다. 철도가 출현하기 전에는 병력, 장비 등은 인력이나 축력에 의해 수송되었다.

하지만, 증기 기관차가 주도한 철도의 시대에는 이들 물자가 대량으로, 정확한 시간에 맞춰, 그리고 거리에 구애받지 않고 수송되었다. 즉, 도보로 이동하고 말과 수레에 병참 물자를 실어 수송하던 전통적인 전쟁 양상과는 전혀 다른 전쟁 방식이 도입되었다.

석탄, 철로 그리고 증기 기관차가 전쟁에서 발휘한 위력은 미국 남북전쟁에서 처음 확인되었다. 1861년부터 4년간 치른 이 전쟁에서 남군과 북군의 전투력은 석탄과 증기 기관에 의해 극명하게 대비되었다. 북부는 산업혁명의 길에 진입하면서 철도의 필요성을 인식하고 생산된 공산품들을 각지로 수송하기 위해 장거리

철로를 많이 건설하였다. 그래서 전쟁 발발 무렵 그 연장이 4만 km에 이르렀다. 이에 비해 남부의 철로는 길이가 북부의 절반에도 못 미쳤다.

남부는 면화, 사탕수수와 같은 농산물을 주로 생산하면서, 이들 상품의 대량 수송을 강과 선박에 의존하였다. 이런 이유로 남부 철로는 농산물 생산지에서 항구나 선착장과 같은 수상 물류 중심지까지 단거리 위주로 건설되었다. 그리고 남부 철도는 강에 가로막혀 제대로 연결되어 있지 않은 경우도 많았다. 즉, 남부에서 철로는 수상 운송의 보조 수단쯤으로 이해되었다고 하겠다.

남북의 이런 대비는 석탄에서 비롯됐다는 점은 분명하다. 미국에서는 1790년대 펜실베이니아의 한 산골에서 사냥꾼에 의해 석탄이 발견되었다. 하지만, 운하와 같은 석탄을 대량으로 수송할 방법을 찾지 못해 30년이나 지나서야 펜실베이니아를 중심으로 석탄이 사용되기 시작했다.

한편, 남부에서도 석탄이 생산되었지만 생산 규모는 북부의 1/38에 불과했고, 역시 대량 수송 수단이 갖춰지지 않아 북부에서 생산된 석탄이 남부까지 공급되는 일은 거의 없었다. 남부는 영국으로부터 석탄을 수입하기도 했지만, 놀랍게도 남부 증기 기관차들은 석탄보다는 장작을 더 많이 사용하였다. 더욱이, 전쟁이 발발하면서 북군이 남부 항구를 봉쇄하는 바람에 영국산 석탄 수입도 어렵게 되었다. 이런 석탄 공급 여건 하에 치러진 전쟁에서 남부 철도는 북부 철도만큼 역량을 발휘할 수 없었다.

석탄을 에너지로 사용한 북부와 그렇지 않은 남부가 벌인 전쟁은 북부의 승리로 끝났다. 남군이 도보로 힘겹게 이동하는 동안, 북군은 열차를 타고 장거리를 힘들이지 않고 그리고 대규모로 이동할 수 있었고, 탄약 등 군수물자도 철로를 따라 끊임없이 공급되었다. 또한, 석탄·철로·증기 기관차에 의해 전장 규모도 다른 전쟁보다 훨씬 더 컸고 전투는 과거보다 더 치열해졌다.

전쟁의 승리는 참전 군인의 전투 기술보다 더 많은 자원을 신속하게 전장에 투입하는 측이 가져갔고, 그 배후에는 석탄이 있었다.[29] 즉, 전쟁에 필요한 에너지를 제대로 공급하지 못하면 전쟁의 승리를 장담할 수 없는 시대가 시작된 것이다.

해상 전쟁에서도 육상 전쟁 못지않게 석탄이 승패의 중요 요인이 되어갔다. 19세기에 접어들어서면서, 유럽 강대국들은 목선에

로일 전쟁 중 일본해군 군함(출처 BBC 라디오)

돛을 달고 대포를 실었던 재래식 군함을 빠르게 퇴역시켰다. 그리고, 석탄으로 생산된 철을 사용하여 철제 군함을 건조하고 여기에 석탄으로 가동되는 증기 기관을 탑재하였다.

증기 군함은 범선과 달리 바람과 해류에 구애받지 않고 항해할 수 있어 작전 거리를 크게 늘렸는데, 대형 군함은 석탄만 공급되면 1만km를 항해할 수도 있었다. 또한, 선체를 강철로 만들면서 함선의 장갑 능력은 크게 나아졌고, 군함의 크기가 커지면서 구경 10인치가 넘는 대형 대포를 탑재할 수 있게 되었다. 신형 증기 군함은 과거 목재 범선 군함에서는 볼 수 없었던 공격력과 방어력을 갖출 수 있었다.

석탄을 연료로 사용한 최초의 해전은 1904년부터 1905년까지 벌어진 러일 전쟁이었다. 증기군함은 러일 전쟁 발발 수십 년 전에 이미 등장했지만, 러일 전쟁 전까지 증기 군함을 이용한 대규모 해전은 없었다.

사실, 유럽 국가들은 증기 군함의 역할에 대해 확신하지 못하고 있었다. 그 결과, 증기 군함은 대규모 해전보다 그저 식민지 확보 전쟁에서 식민지 군대를 압박하는 시위용으로 이용되거나, 소규모 작전에서 해상 전투보다 적의 항구를 봉쇄하고 군대를 상륙시키는 용도로 사용하였다. 이에 비해 러일 전쟁 중 벌어진 대한 해협 해전은 증기 군함들끼리 벌인 최초의 대규모 해상 전투였다.

일본은 1894년 청일 전쟁에서 승리하면서 해전의 중요성을 인식하고 당시 세계 바다를 지배하고 있던 영국을 통해 러일 전쟁을 준비했다. 영국으로부터 외교적 지원과 최신 군함을 확보하였고, 연료인 석탄도 수입하였다. 사실, 일본 해군은 일본 국내 50여 곳의 석탄 광산을 확보하고 있었지만, 일본산 석탄은 화력이 좋지 않았다.

일본 해군은 증기 기관의 출력이 해전의 승패를 좌우한다는 점을 청일 전쟁 때부터 잘 알고 있었는데, 열량이 낮은 일본 석탄으로는 증기 기관 출력을 높이는 데 한계가 있었다. 더욱이, 일본 국내 기술이 부족하여 석탄의 열량을 높인 성형탄을 제조하지도 못했다. 그리고 더 결정적인 것은 일본산 석탄은 연소 시 검은 연기를 많이 뿜어내어 군함이 적에게 쉽게 노출될 위험도 있었다. 이런 이유로 일본 해군은 당시 세계 최대 석탄 생산지였던 영국 웨일즈에서 생산된 카디프(Cardiff) 석탄을 수입하여 사용하지 않을 수 없었다.

러시아 함대 역시 석탄을 안정적으로 공급하는 것이 가장 큰 문제였다. 1904년 10월 러시아의 발트 함대(Baltic Fleet)는 석탄 보급 방법을 제대로 준비하지 않은 체 아시아로 출발했다. 38척으로 구성된 발트 함대가 아시아까지 항해하는 데에는 약 50만 톤의 석탄이 필요했지만, 러시아 해군이나 상선 회사는 이를 제대로 보급할 능력이 되지 않았다.

러시아는 급히 독일계 상선 회사인 '함부르크-미국 해운

(Hamburg-America Line, HAL)'과 석탄 보급 계약을 체결하는 데 성공했지만, HAL이 독일 정부의 사전 승인을 획득하지 못한 게 탈이었다. 독일 정부는 러일 전쟁에 휘말리고 싶지 않았고 이에 HAL에게 최소한의 역할만을 허용하였다.

1905년 5월 27일부터 이틀간 치른 대한해협 해전은 일본군이 절대적으로 유리했다. 러시아 함대는 석탄 보급을 걱정하면서 8개월간 약 3만km를 항해했다. 이 과정에서 HAL의 석탄 공급은 소극적일 수밖에 없었는데, 발트 함대는 러시아의 동맹국인 프랑스의 묵인 하에 아프리카 서부 해안, 마다가스카르, 인도차이나 등 프랑스 식민지 인근 공해상에서 석탄을 공급받을 수 있었다.

석탄 확보가 절박했던 발트 함대는 함선 갑판 위에까지 석탄을 실어야 했다. 일본과의 해전에서 발트 함대는 겨우 4척의 군함만 살아남았고, 4,800여명이 전사하고, 6천명이 포로가 되었다. 이에 비해 우리나라 진해와 일본 본토에서 출항한 일본 연합 함대는 사망자가 100여명에 불과할 정도로 피해가 미미했다.[30]

일본의 승리로 끝난 대한해협 해전은 해상 전투에서 석탄의 중요성을 확인시켜준 대사건이었다. 러시아 발트 함대는 비록 전쟁에서 졌지만, 석탄 공급만 제대로 이뤄지면 지구 반 바퀴를 돌아오는 장거리 원정도 가능하다는 점을 보여주었다. 그리고 증기 군함의 위력을 신뢰하지 않았던 전략가들에게는 증기 군함에 탑재한 대구경 함포와 어뢰가 상대 함선을 격파시킬 수 있다는 점을 각인시켜 주었다.

증기 군함이 과거 범선이나 철갑 군함으로는 상상할 수 없는 전투를 수행할 수 있고, 그 승패에는 석탄이 결정적 변수임을 일깨워주었다. 러일 전쟁은 석탄이 전쟁 양상을 새롭게 변화시켜 나갈 것임을 예고하는 동시에 안정적인 석탄 공급, 즉 확실한 에너지 공급이 군사 안보의 새로운 과제로 떠올랐다고 하겠다.

아시아에서의 석탄 사용

석탄은 영국 등 유럽에서만 사용된 것은 아니었다. 석탄을 생산하는 국가는 현재에도 30여 개국에 불과하지만, 19세기 아시아에서는 중국, 일본이 석탄 생산 국가였다. 이들 중 중국은 유럽보다 훨씬 앞선 기원전 수천 년부터 석탄을 사용한 것으로 알려지고 있다.

그런데 중국이 본격적으로 석탄을 사용한 시기는 송나라 때인 11세기였다. 중국 북부 지방과 송나라 수도 카이펑(Kaifeng)에서 주로 사용되었고 이외 지역에서도 일부 사용됐던 것으로 보고 있다. 특히, 중국은 일찍이 석탄을 이용하여 철을 생산하였다. 영국과 마찬가지로, 중국도 제철용 목탄을 만들기 위해 나무를 과다하게 사용한 결과, 나무 부족을 겪었고, 이를 보완하기 위해 석탄을 사용하였다. 철 생산지도 영국과 마찬가지로 연료가 해결되는 탄광 주변으로 이동하였다. 그런데, 중국에서 석탄이 난방용으로 사용되었는지 여부는 확실치 않다.

중국이 영국 못지않게 석탄을 일찍 사용했지만, 영국처럼 에너지를 석탄에 전적으로 의존하지는 않았다. 중국의 주력 석탄 매장지는 오늘날 산시성, 외몽고와 같은 북부 변경 지역이었다. 이 지역은 거란 및 여진과 같은 이민족의 침략이 잦아 석탄을 안정적으로 생산, 공급하는 것이 용이치 않았다. 그리고 석탄 생산지는 북부였던 반면, 석탄 소비지는 인구가 밀집한 강남 지역이어서 수송에도 애로가 많았다. 석탄은 무겁기 때문에 배를 이용한 수상 수송이 가장 효율적인데, 중국은 영국처럼 운하가 발달하지 못해 대량 수송이 불가능하였다.

중국 석탄의 특성도 석탄 사용을 어렵게 하는 요인이었다. 중국 북부는 사막과 가깝고 기후가 건조하여 지표면 가까운 곳에서 생산된 석탄들은 가스를 많이 발생하는 건탄(dry coal)이었다. 이는 습기를 많이 머금고 있던 영국의 습탄(wet coal)과 달리, 생산 과정에서 가스에 의한 화재와 폭발 사고가 빈발하여 생산이 어려웠다. 그리고 연소 과정에서도 가스가 많이 배출되어 가스 중독 사고도 많은 편이었다. 이런 이유로 중국에 석탄은 광범위하게 분포하였지만, 그 사용은 특정 지역에만 국한되었다.

중국이 석탄을 대규모로 사용한 것은 서양 국가들이 중국에 진출한 19세기 이후이다. 특히, 중국이 근대화를 위해 영국식 석탄 생산 방식을 도입하면서부터 본격적으로 석탄이 생산되었다.

1842년 아편전쟁에서 승리하고 난징조약을 맺은 영국인들은 중국에서 석탄을 확보하기 위해 여러 방안을 모색하고 있었다. 당시 영국인들은 중국에서 가까운 일본이나 호주는 물론이거니와, 심지어 영국으로부터도 석탄을 수입하여 사용하였다. 그런데, 카이펑 등지에는 배수가 안 된 침수된 석탄 광산들이 많았다. 물이 찬 광산은 영국인들에게 익숙한 장면이었고, 해결 방법으로 증기기관을 이용하면 된다는 것도 잘 알고 있었다.

1860년대 중국의 근대화 노력인 양무운동은 중국 석탄 생산의 새로운 계기가 되었다. 이 운동을 이끈 이홍장에게 근대화는 곧 서양식 무기와 군함의 제작이었다. 이를 위해서는 철을 생산해야 했고, 철을 대량으로 생산하기 위해서는 석탄이 있어야 했다. 양무운동 주도 세력들은 영국으로부터 광산 개발과 관련된 기술과 증기기관 등을 도입하여 카이펑 등에서 석탄을 생산하기 시작했다.

중국의 근대화 추진 세력들은 근대화를 위해 석탄이 필요하다고 인식했던 반면, 일반 중국인들은 달랐다. 이들은 전통 신앙인 풍수신앙에 근거하여, 송 대 왕릉이 많은 카이펑에 수직으로 석탄갱을 굴착하면 땅의 신, 즉 지신이 노할 것이라고 반대했다. 이홍장은 이런 반대에도 불구하고 영국식으로 석탄을 생산하여 무기공장과 조선소에 공급함으로써 중국에서 처음으로 석탄이 대량으로 생산되었다.

중국의 석탄 생산에는 외국, 그 중에서도 영국의 역할이 컸다. 광산에 투자할 자본과 기술이 부족한 중국으로서는 영국에 의존하지 않을 수 없었다. 카이펑 지역에서의 석탄 생산뿐만 아니라,

여기에서 생산된 석탄을 이용하는 철도도 영국 자본의 지원으로 건설되었다.

특히, 후일 미국 대통령이 된 허버트 후버(Herbert Hoover)[31]는 영국인이 운영하는 카이펑 탄광에 기사로 고용되어 있었는데, 1900년 농민 반란 '의화단의 난'을 진압하러 이 지역으로 들어온 러시아군이 석탄 광산을 장악하는 것을 막기 위해 영국 주인으로부터 광산을 넘겨받기도 했다. 이처럼 초기 중국 석탄 생산에는 여러 외국들이 관여하였으며, 그 중 영국의 영향력이 컸다고 하겠다.[32]

석탄의 퇴조

석탄은 20세기에 접어들어 가장 중요한 에너지원으로 자리 잡으면서 그 절정기를 맞이했다. 석탄은 1920년대 영국 에너지 소비에서 90%를 차지했다. 난방은 물론이거니와 취사도 이동도 석탄이 없으면 불가능한 시대가 되었다. 심지어 스코틀랜드에서는 연말 파티에 석탄 한 덩어리를 선물로 갖고 갈 정도로 생활 속 깊숙이 스며들었다.

산업 현장에서는 수차와 풍차를 이용하여 에너지를 조달하던 각종 제조 시설을 석탄이 이미 접수하였다. 19세기 중반부터 사용되기 시작한 석유는 아직까지 석탄을 따라잡을 만큼 대량으로 사용되지 않아, 석탄은 독보적인 에너지원이 되었다. 이런 사실은 석탄이 '에너지의 왕'이라는 의미의 '석탄왕(King Coal)'이라는 칭호를 얻게 되었다는 점에서도 잘 알 수 있다.[33]

1902년 영국에서 발간된 한 잡지 표지에 석탄이 왕관과 왕의 예복을 입고 있는 모습이 실리면서 석탄왕이라는 호칭은 여러 곳에서 사용되었다.[34]

석탄의 이러한 공고한 입지에도 불구하고 19세기 중반부터 석탄에 대한 불안감이 등장하였다. 현대 경제학의 창시자 중 한 명으로 일컬어지는 윌리엄 스탠리 제번스(William Stanley Jevons)는 조만간 석탄이 고갈될 것으로 예상했다.

그는 1865년 '석탄 문제(The Coal Question)'라는 저서에서 제임스 와트의 증기 기관처럼 기술의 발전으로 석탄 사용이 더욱 효율적으로 개선되어도 석탄 소비는 줄어들지 않고 오히려 늘어날 것으로 분석했다. 제번스는 현재와 같은 속도로 석탄 소비가 증가하면, 3세대 안에 지하 4천 피트 이내에 매장되어 있는 모든 석탄이 고갈될 것이라고 전망했다.

석탄은 매장량이 유한하고 재생 불가능한 에너지인 반면, 소비는 지속적으로 늘어날 것이기에 석탄에 전적으로 의존하는 것은 위험하다는 것이다. 그는 석탄 소비를 줄이기 위해 영국 정부가 재정 지출을 줄여 경제 성장 속도를 떨어뜨려야 한다는 매우 도발적인 대안을 제시했다.

사실, 석탄이 고갈될 것이라는 주장은 그 전에도 있었다. 이런 주장은 주로 일개 탄광의 매장량 고갈을 언급할 때 나왔다. 하지만, 제번스의 전망은 일개 탄광이 아니라 영국 전체 석탄 매장량의 고갈이어서 영국인들 사이에서는 석탄에 전적으로 의존하는 영국이 곧 망할지도 모른다고 우려하기도 했다. 그의 책이 출간된 다음 해 4월, '더 타임스(The Times)'의 한 기고문은 '영국인에게 석탄은 모든 것'이라면서, 석탄이 없으면 공장은 멈춰 무덤이 되고, 기관차는 차부에서 녹슬어갈 것이라고 걱정했다.

영국 의회에서도 격렬한 토론이 벌어졌다. 철학자이면서 하원 의원이었던 존 스튜어트 밀(John Stuart Mill)은 제번스의 경제 성장 축소 방안이 정부 조세 수입을 줄여 그렇지 않아도 부채가 많아 힘든 영국 정부를 더욱 곤란하게 만들 것이고, 더 나아가 재정 불안으로 대영제국은 위기를 맞을 것이라고 예상했다.

이런 논쟁 속에서 영국 석탄 생산업자들은 석탄은 고갈되지 않을 것이라고 전망했지만, 제번스가 촉발한 불안은 쉽게 사라지지 않았고, 영국인들은 암울한 미래를 상상하지 않을 수 없었다.[35]

'에너지의 왕'으로서의 석탄의 공고한 입지는 석탄 생산에서도 균열이 생기기 시작했다. 임금과 노동 조건에 불만을 가진 광부들의 잦은 파업이 석탄에 대한 신뢰를 떨어뜨렸다.

초기 광산에서 벌어진 노동 쟁의는 개별 사업장에서 발생하여 큰 사회적 이슈가 되지는 않았지만, 20세기에 접어들면서 광부의 파업은 조직화되고 대규모로 전개되었고, 석탄 공급 중단은 우려할 만한 수준이 되어 가고 있었다. 이런 현상은 영국에만 국한된 것은 아니고 석탄 생산국들이 공통으로 겪는 현상이었다.

미국도 영국 못지않게 심각하였다. 1914년 콜로라도에서 발생한 파업이 유혈 진압되었고, 1921년 웨스트버지니아(West Virginia)주에서 벌어진 파업에는 6천명이 참가했는데, 1차 대전에 참전한 광부들이 대거 파업에 참여하면서 미국 육군이 파업 현장에 투입되어야 할 정도였다.

2차 대전 이후에 벌어진 파업은 더욱 전투적이었다. 영국은 2차 세계 대전 전시 경제를 운용하기 위해 석탄 생산을 국가가 관할하고 파업을 불법화하였다. 전쟁이 끝난 후 노동당 정부가 출범하면서 광부들의 요구는 늘어나고 파업은 줄어들지 않았다. 특히, 1947년 파업은 영국 경제를 마비시켰다.

석탄 생산이 전면 중단되면서 영국인들은 그해 겨울을 어느 때보다 춥게 보내면서도 난방비 지출은 크게 늘려야 했다. 미국에서도 '광업노동자연맹(United Mine Workers, UMW)'이 주도하는 파업이 연례행사가 되었다. 에너지 소비자들의 석탄에 대한 믿음은 점점 옅어져 갔고, 석탄의 입지는 약화되어 가는 조짐이 보였다.

가장 대표적인 징후는 광부의 감소였다. 1930년대에는 광부 75만 명이 영국 인구 약 4,600만 명의 석탄 소비를 책임졌지만, 1960년대가 되면 영국 인구는 5,200만 명으로 늘어난 반면 광부는 40만 명으로 줄어들었다.[36] 이런 현상에는 많은 요인들이 작용했지만, 석탄이 과거보다 그 지위가 흔들리고 있다는 점은 분명했다.

석탄 노조의 전투적인 파업을 오히려 반기는 사람들도 있었다. 바로 석탄과 강력한 경쟁 관계를 만들어 가고 있던 석유였다. 특히, 남미의 베네수엘라가 석탄의 공급 불안을 즐기고 있었다. 베네수엘라는 제2차 세계 대전 중 연합국의 주요 석유 공급원으로 부상하면서 세계 3위의 산유국이 되었다.

전쟁이 끝난 후 미국과 유럽이 석탄 노조 파업으로 몸살을 앓고 있을 때, 베네수엘라의 한 석유 생산업자는 미국 석탄 파업을 이끌었던 노조 지도자 동상을 베네수엘라 수도 카라카스에 세워 주고 싶다고 말하기도 했다. 그는 석탄파업을 주도한 노조 지도자야말로 베네수엘라 석유 산업의 영웅이며, 베네수엘라에 가장 큰 축복을 내려 준 사람이라고 언급했다.[37]

석탄은 '에너지의 왕'의 자리를 어느 날 갑자기 잃지는 않았지만, 주력 에너지로서의 지위를 미래 에너지 석유에게 넘겨줘야 하는 시기를 목전에 두고 있었다.

주석

1) Vaclav Smil(2017), 앞의 책, p. 229.
2) Michael Williams(2006), *Deforesting the Earth: From Prehistory to Global Crisis, an Abridgment*, University of Chicago Press, pp. 87-106.
3) 마이클 셸런버거 지음, 노정태 옮김(2021), 지구를 위한다는 착각(Apocalypse Now), 부키, pp. 101-102.
4) 통치 기간은 1558년부터 1603년으로 영국이 나무 부족 현상을 절감하기 시작하던 시기였다.
5) Vin Nardizzi(2011), Shakespeare's Globe and England's Woods, *Shakespeare Studies*, Vol. 39, pp. 54-63.
6) Olaf Morke(2020), The Seventeenth Century and the Dominium Maris Baltaci, Maritime Power Network in World History, Rolf Strootman, Floris van den Eijinde and Roy van Wijk eds., *Empires of the Sea : Maritime Power Network in World History*, Brill, pp. 219-241
7) Daily Mail, The Twilight of 'sea-coaling', April 14, 2013
8) Barbara Freese(2003), Coal: *A Human History*, Basic Books, p. 13.
9) 마이클 셸런버거 지음, 노정태 옮김(2021), 앞의 책, p. 123.
10) Vaclav Smil(2017), 앞의 책, p. 230.
11) William M. Cavert(2016), *The Smoke of London: Energy and Environment in the Early Modern City*, Cambridge University Press, pp. 24-27.
12) 조개탄은 석탄을 잘게 부숴 가루로 만든 다음, 여기에 흙이나 톱밥을 섞어 만든다. 성형탄이라고도 하는데, 조개 모양처럼 만들었다고 해서 조개탄으로 불렸다. 우리나라의 연탄도 성형탄의 한 종류이다.
13) 이탄을 토탄 혹은 초탄이라고도 한다.
14) 이부경(2014), 자원지질학의 원리, 대윤, pp. 1212-1234.
15) Vaclav Smil(2017), 앞의 책, p. 231.
16) 오늘날 영어에서 fireman은 소방관을 의미하는데, 증기 기관차에서 석탄을 보일러에 집어넣는 사람도 화부(fireman)라고 했다.
17) Freese (2003), 앞의 책, pp. 47-56.
18) Vaclav Smil(2017), 앞의 책, pp. 233.
19) Vaclav Smil(2017), 앞의 책, pp. 214-217.
20) Peter King(2011), The choice of fuel in the eighteenth-century iron industry: the Coalbrookdale accounts reconsidered, *The Economic History Review*, Vol. 64, No. 1, pp. 132-156.
21) Smil(2017), 앞의 책, pp. 234-235.
22) Richard Rhodes(2018), *Energy: A Human History*, Simon & Schuster, pp. 108-110.
23) 오늘날 가치로는 약 32만 파운드 내지 48만 달러 정도 되는 것으로 평가된다.
24) 제임스 와트라고 하면 흔히 차 주전자 일화를 떠올린다. 와트가 어린 시절, 주전자의 물이 끓으면서 뚜껑이 위로 들썩거리는 모습을 보고 증기 기관의 원리를 알아냈다는 얘기는 아직까지도 많이 회자되고 있다. 이 일화는 유럽뿐만 아니라 우리나라에도 전해져 있다. 특히, 1870년대 일본 메이지 유신 초기, 일본 정부가 제작한 교육용 책자에도 이 내용이 실려 있다. 그런데, 제임스 와트는 증기의 속성과 과학적 원리를 알아내기 위해 1765년과 1780년대에 이와 유사한 실험을 한 적이 있다고 자신의 비망록에서 언급했지만, 어린 시절에 겪었다는 이 이야기에 대한 언급은 없다. 또한, 와트의 아들(James Watt, Jr.)도 아버지의 어린 시절에 이런 일이 없었다고 증언하였다. David Phillip Miller의 2004년 논문 참고.
25) David Phillip Miller(2004), True Myths: James Watt's Kettle, His Condenser and his Chemistry, *History of Science*, Vol 42, No. 3, pp. 333-360.
26) Andreas Malm(2013), Energy: A Human History: from water to steam in the British cotton industry, *Historical Materialism*, Vol. 2, No. 1, pp. 15-68.
27) 영국 런던의 과학 박물관(Science Museum)에는 당시 사용되었던 증기 기관 실물이 전시되어 있다. 증기 기관을 설치했던 벽돌 구조물 등을 포함하면 그 크기가 웬만한 건물만 하다.
28) '동업자 연맹(Grand Allies)'은 1726년 타인강 유역의 석탄 광산을 소유한 집안들이 석탄 수송용 마차길(wagonway)을 건설하기 위해 결성되었지만, 실제로는 수상 수송을 통한 석탄 공급을 통제하는 카르텔의 역할을 했다.

29) Freese(2003), 앞의 책, pp. 126-127.

30) Larmar J. R. Cecil(1964), Coal for the Fleet that had to die, *The American Historical Review*, Vol. 69. No. 4. pp. 990-1005.

31) 미국 31대 대통령으로 1929년부터 1933년까지 재임했다.

32) Tim Wright(1984), *Coal Mining in China's Economy and Society, 1895-1937*, Cambridge University Press, pp. 117-120.

33) '석탄왕'이라는 단어는 문학 작품에서도 사용될 정도로 널리 알려졌다. 1910년대 미국 서부 광산의 열 악한 상황을 그린 소설 '석탄왕(King Coal)'이 업턴 싱클레어(Upton Sinclair)에 의해 1917년에 출판 된 적이 있다.

34) Bary Golding and Suzanne D. Golding (2017), *Metals, Energy and Sustainability*, Springer, p. 3.

35) Sandra J. Peart, ed.(2003), *W. S. Jevons: Critical Responses*, Vol. I, Routledge, pp. 191-197.

36) Huw Beynon, Andrew Cox and Ray Hudson(1999), *The Decline of King Coal, The Coalfield Research Programme*, Discussion Paper, Cardiff University and University of Durham..

37) Daniel Yergin(1992), *The Prize: The Epic Quest for Oil, Money & Power*, Simon & Schuster Press, p. 543.

Ⅳ. 석유 이야기

석탄처럼 인류 역사에서 석유가 언제부터 사용되기 시작했는지는 정확히 알수 없지만, 최소한 수천 년 전부터 사용했던 것은 분명하다. 고대 중동에서는 석유의 일부분인 아스팔트를 집 지붕이나 선박의 방수제로 사용하였고, 로마 유적지에서는 아스팔트를 도로에 사용한 흔적이 남아 있다. 중국에서도 석유와 천연가스를 사용했다는 기록과 그림이 남아 있다. 미국에서는 식민지 개척민들이 들어오기도 전에 인디언들이 석유를 복통, 치통, 두통을 치료하는 약으로 복용하였고, 심지어 석유를 상처 난 곳에 바르기도 하여 만병통치약처럼 사용했다. 석유는 지구 이곳저곳에서 여러 가지 용도로 사용되었지만, 전 세계를 관통하여 사용되지는 않았다. 19세기 중반이 되어서야 오늘날 우리가 알고 있는 석유가 전지구적으로 사용되기 시작했다.

고래가 사라지다

석유가 상업적으로 생산되기 시작한 19세기 중반, 미국에서는 등화용 기름 수요가 폭발적으로 증가하였다. 미국은 13개주, 530만 명의 인구로 출발했지만 서부 개척으로 1830년에 24개 주, 1,290만 명으로 크게 늘어났다. 인구 증가에 의한 기름 수요 증가 외에 영국에서 시작된 산업혁명이 미국에도 전파되어 야간작업을 위한 등화용 기름 수요가 급증하였다.

그런데, 영국에서 발명된 석탄 가스가 미국에도 도입되었지만, 이는 도시에만 사용 가능하였고 지방과 농촌에서는 여전히 별의별 기름들이 사용되었다. 시골에서는 소나무에서 추출한 수액과 송진으로 만든 기름이 비록 냄새와 그을음은 심했지만 가장 대중적으로 사용되었고, 도시 상류층에서는 고래 기름이 인기를 끌었다.

고래 기름은 당시 가장 고급스런 등화용 기름이었다. 유럽과 미국의 상류층에서는 건물의 화려한 실내 장식이 망가지는 것을 막기 위하여 청정 등유인 고래 기름을 선호하였다. 고래 기름 중에서도 향유고래(sperm whale) 기름을 최고로 쳤다. 이 기름은 그을음은 말할 것도 없고 연기와 냄새도 나지 않았으며, 잘 굳지도 않아 야외에서도 사용할 수 있었다.

고래 중 덩치가 가장 큰 향유고래는 전 세계에 분포하였던 심해 고래이다. 길이가 15m, 무게가 50톤 정도이며, 기름이 많이 들어있는 머리가 몸 전체의 1/3을 차지했다. 1851년에 출간된 소설 '백경(Moby Dick)'의 소재가 된 향유고래 한 마리로 보통 600~800L의 기름을 만들 수 있었고, 뇌는 약용과 양초 재료로 사용되었으며, 나머지 부위도 다양하게 사용되어 매우 가치가 높았다.

고래 사냥은 1720년대 미국 동북부, 특히 보스턴 앞바다를 중심으로 시작되었다. 유럽에서 온 식민지 개척민들은 인디언들로부터 기술을 배워 바닷가로 흘러들어 온 고래를 원시적으로 포획했다. 하지만, 고래를 찾아 점점 더 먼 바다로 나가면서 포경업이라는 산업으로 발전하였다. 고래는 지방이 많아 쉽게 부패하는데, 수송 중에 해체하여 기름을 뽑아낼 수 있는 대형 선단을 구성하면서 대량 생산할 수 있었다.

1770년대에는 150여 척의 포경선이 3,000여 마리를 포획했다고 한다. 하지만, 미국 대서양 앞바다에서 고래가 줄어들면서 포경선들은 고래를 찾아 남대서양은 물론이고 남미를 돌아 태평양까지 진출하였다. 고래 남획과 개체 수 감소로 석유가 개발될 무렵인 1850년대에 고래 기름 가격은 앙등하고 있었다.

북미에서는 석탄에서 추출한 석탄 기름이 고래 기름과 더불어 중요 등화용 기름이었다. 캐나다 출신 의사이자 기업가인 에이브 러햄 게스너(Abraham Gesner)는 2천여 번의 실험 끝에 역청탄(bitumen) 을 증류하여 기름과 가스를 추출하는 데 성공했다. 그는 이 기름 을 '케로신(kerosene)'이라고 이름 붙였다.

'케로스(keros)'는 그리스어로 왁스라는 의미인데, 오늘날 등유 (kerosene)라는 명칭은 여기에서 탄생하였다. 그는 1853년 가족들을 데리고 미국 뉴욕으로 이주하여 석탄 기름 사업을 시작하였다. 당 시 미국은 가스 파이프라인이 많이 보급되지 못해 석탄 가스보다 액체인 석탄 기름 생산에 집중하고 있었다. 석탄 기름은 그을음이 좀 나긴 했어도 다른 기름보다 밝기와 가격에서 아주 우수했다.

미국에서 석탄 기름 사업이 날로 번창하면서 이에 도전하는 사람이 등장하였다. 1854년 월 스트리트 변호사 조지 비셀(George Bissell)은 석유를 이용하여 석탄 기름에 대항할 수 있는 또 다른 기 름을 생산하려고 했다. 그의 방법은 펜실베이니아 산골짜기에서 흘러나오고 있는 검은색 기름, 즉 원유(crude oil)를 이용해보는 것이었다. 그는 월 스트리트 출신답게 투자자들을 모으고는 '펜실 베이니아석유회사(Pennsylvania Rock Oil Company)'를 설립하였다.

그리고 석유가 나오는 지역 주변 토지를 사들이는 동시에 예일 대학교 화학과 벤자민 실리만(Benjamin Silliman) 교수에게 원유를 보내어 등화용 기름을 추출하는 방법을 개발하는 용역을 맡겼다. 비셀의 사업 계획은 매우 치밀한 편이었는데, 오늘날 석유자원 개발 사업 방식의 모태가 되었다.

원유에서 등유를 뽑아내는 방법은 순조롭게 개발되었지만, 펜실베이니아 골짜기에서의 석유 생산은 그렇지 못했다. 비셀은 원유를 대량으로 생산해야 석탄 기름에 대항할 수 있는 등유를 만들 수 있다고 생각했다. 그는 골짜기를 막아, 고인 원유를 바가지로 퍼내거나 담요에 묻혀 짜내어 보기도 했지만, 이렇게 해서 생산할 수 있는 기름은 하루 두세 드럼에 불과하여 석탄 기름에 대항할 수 없었다. 그리고 사업 착수 4년쯤 되어서는 자금난에 시달린 나머지 사업권을 은행가인 제임스 타운센드(James Townsend)와 다른 투자자들에게 넘겨주고 말았다.

비셀은 좋은 사업 계획에도 불구하고 원유를 생산하는 기술의 한계를 극복하지 못하여 끝을 보지 못 했던 것이다.

사업을 새로 맡은 타운센드는 원유의 대량 생산에 집중했다. 이를 위해 에드윈 드레이크(Edwin Drake)라는 사람을 고용하여 새로운 방식으로 생산을 시도 했다. 드레이크는 1858년 8월부터 인근 암염 생산 현장에서 사용하던 시추기를 이용하여 석유가 흘러나오고 있는 곳을

19세기 후반 석유 시추 현장 모습
(출처 캘리포니아 산요하퀸 지질협회).

파 내려갔다. 하지만, 갱(well)에는 석유와 물이 함께 나오기만 했고, 갱에서 나온 물이 너무 차가워 인부들이 오래 작업할 수도 없었다. 드레이크는 이를 해결하기 위해 강철관을 갱 입구에 밀어 넣어 지하수를 차단하였다. 1859년 8월말, 지하 20m 쯤 파내려 갔을 때 공구가 부러져 작업을 중단하였다.

그런데, 그 다음날 갱 속에는 석유가 약 1m 정도 차 있었다. 밤사이 석유가 묻혀있는 유층에서 기름이 흘러나와 고였던 것이다. 마치 우물처럼 이곳에서 원유가 계속 흘러나왔고, 펌프를 이용하여 원유를 퍼 올려 생산하였다. 조지 비셀이 사업에 착수한 지 5년 만에 세계 최초의 상업적 원유 생산이 시작되었다.[1]

펜실베이니아 오지에서 석유가 대량으로 나왔다는 얘기는 순식간에 미국 전역으로 퍼져나갔지만, 현장에는 준비된 것이 아무것도 없었다. 특히, 수송이 큰 문제였다. 현장의 인부들은 주위에서 구할 수 있는 모든 용기에 석유를 담아 마차로 실어냈는데, 그 중에서 암염 생산 노동자들이 마시고 버린 위스키 통, 배럴(barrel)이 가장 유용하였다. 이는 오늘날 석유 거래 단위로 배럴(barrel)이 사용된 기원이 되었다.

곧이어 석유를 대량으로 수송하기 위한 철로가 건설되었고, 연이어 파이프라인도 건설되었다. 이렇게 대량 생산, 대량 수송된 원유가 석탄 기름보다 훨씬 저렴해지자 석탄 기름 생산업자들은 원료를 석탄에서 원유로 빠르게 대체하였다. 이내 석유가 등유 시장을 장악하였다.

　석유 사용이 크게 늘어난 데는 2년 뒤에 발발한 남북 전쟁이 큰 역할을 했다. 1861년에 시작된 남북 전쟁은 석유로 만든 등유에게는 구세주였다. 남부에서는 수액과 송진을 혼합하여 등유를 만들었는데, 전쟁으로 이 등유가 북부에 제대로 공급되지 못하였다. 석유는 바로 이 공백을 이용하여 등유 시장을 확장할 수 있었다. 또한, 남군 해군들이 북부 포경선의 군용 전환을 우려하여 포경선을 집중적으로 대량으로 나포하거나 파괴하였다.

　남군은 북부 포경선을 영국 근해까지 추격하는 일도 있었는데, 이로 인해 전쟁 전 700여 척이었던 포경선은 전쟁 후 120여 척만 남았다. 여기에다 오랜 기간 남획으로 고래 개체 수도 감소하여, 고래 기름 또한 석유 등유에게 자리를 내주고 시장에서 사라지는 수순을 밟게 되었다.

공룡과는 상관없는 석유 생성

석유(石油, petroleum)는 라틴어 돌(petra)과 기름(oleum)의 합성어에서 유래했다. 석유는 생산되어 지상으로 올라오면 액체인 원유와 기체인 천연가스로 분리된다. 석유와 천연가스는 탄소와 수소가 복잡하게 결합된 탄화수소(hydrocarbon) 화합물이다. 수소분자에 탄소 분자 하나가 결합되면 메탄, 2개가 결합되면 에탄이라고 하는데, 이 두 가지를 천연가스라고 한다. 탄소 3개가 결합되면 프로판, 4개가 결합되면 부탄을 만드는데, 이들은 액화석유가스(liquified petroleum gas, LPG)이다.

LPG는 천연가스 생산이나 석유 정제 과정에서도 생산되지만 생산량은 천연가스에 비해 매우 적다. 수소에 탄소가 5개 이상 결합하면 상온에서 액체 상태를 유지하는데, 휘발유 등 각종 석유 제품들이 여기에 해당된다. 이런 화학 구조로 석유는 석탄과 함께 탄화수소 화합물로 분류되며, 유기물이 화석으로 변하였기에 화석 연료(fossil fuel)라고 불린다.

석유와 천연가스는 바다 혹은 거대 호수에 미세한 유기물들이 오랜 기간, 약 7천만년에서 1억 5천만년에 걸쳐 퇴적되고, 지하 2,000m 이하에서 65도 이상의 온도와 압력에 의해 만들어진다. 석유는 사암(sandstone)이나 탄산염암(carbonate)과 같은 퇴적암에서 발견된다. 이들 퇴적암에는 눈에 보이지 않는 아주 미세한 공극이 있는데, 원유와 천연가스가 이 공극을 채우고 있다. 석유가 채워진 이들 암석을 저류암(reservoir rock)이라고 한다. 이 탄화수소 화합물은 유기물이 진흙과 함께 오랜 시간 퇴적되어 셰일(shale)이라는 암석을 만드는데, 이 암석을 근원암(source rock)이라고 한다.

이 근원암에 쌓여 있던 유기물들은 지층 사이의 빈틈과 균열을 따라 지표면으로 이동하다가 퇴적암을 만나 이 암석의 공극을 채운다. 퇴적암에 모인 유기물들이 더 이상의 이동을 막는 치밀하고 딱딱한 지층을 만나면 더 이상 이동을 하지 못하고 대량으로 축적되는데, 이 밀도 높은 지층을 덮개암(cap rock)이라고 한다. 이들 세 가지 암석, 즉 근원암, 저류암, 덮개암이 갖춰진 지층을 석유 시스템(petroleum system)이라고 한다. 석유를 탐사하여 발견한다는 것은 이 석유 시스템을 찾아낸다는 것을 의미한다.[2]

석유와 천연가스는 지하에 매장된 상태에서는 물성이 큰 차이가 없지만, 생산되어 지상으로 올라온 이후부터 큰 차이를 보인다. 석유는 정유 공장에서 정제 과정을 거쳐야 하지만, 천연가스는 이런 과정 없이 간단하게 처리한 후 바로 소비할 수 있다.

석유는 수송을 위해 트럭, 철로, 파이프라인, 선박 등 다양한 방법들이 이용된다. 이에 비해 천연가스는 부피가 큰 기체인 관계로 파이프라인을 이용하거나, 영하 200도 이하로 액화하여 부피를 크게 줄인 다음 선박으로 수송한다. 이렇게 만들어진 액화천연가스(liquefied natural gas, LNG)는 액화에 따른 압력 팽창을 견딜 수 있는 고가의 특수 선박을 이용하여야 하며, 도착해서는 다시 기체로 만들어 파이프라인으로 소비자에게 전달된다. LNG는 액화와 기화 과정을 거치면서 상당히 많은 에너지가 소모된다.

세계 경제는 현재 하루 1억 배럴 이상의 석유를 소비하고 있다. 이 중 미국이 최대 석유 소비국으로서 하루 1,900만 배럴을, 중국이 그 다음으로 많은 1,500만 배럴을 소비한다. 이들 두 국가가 전 세계 석유 소비의 1/3을 차지하고 있다.

석유를 생산하는 국가는 100여개에 이르지만, 통계적으로 의미 있는 규모의 석유를 생산하는 국가는 이의 절반에 불과하고, 석유를 수출하고 있는 국가는 30여 개국에 불과하다. 그래서 석유는 지역적 편중으로 많은 이슈를 만들어 내고 있는 것이 현실이다.

미국 석유산업을 장악한 록펠러

1959년 드레이크의 창의적 방법으로 석유 시대의 문이 열렸지만, 초기 석유 산업은 혼란 그 자체였다. 미국 각지에서 몰려온 투기꾼들로 석유가 생산되는 땅은 극단적인 투기 대상이 되어, 2년 사이에 펜실베이니아 골짜기 땅값이 1만 5,000배 뛴 곳도 있었다.

석유와 관련된 지질 지식이 빈약하여 석유가 매장되어 있는지 확인도 하지 않은 채 땅이 거래되었고, 사기와 투기, 투자가 뒤엉켜 석유는 과잉 생산되었다. 석유 가격은 당연히 폭락하였고, 파산한 투자자와 투기꾼들이 쏟아져 나왔다. 더욱이 1865년 남북 전쟁이 끝나면서 제대한 군인들이 대박을 노리고 석유 사업에 대거 뛰어들면서 혼란은 가중되었다.

석유는 등유에 이어 윤활유로 각광받았다. 산업혁명으로 증기 기관 등 기계 사용이 늘어남에 따라 윤활유 수요도 급증하였다. 당시 윤활유로는 돼지비계와 같은 동물 기름을 사용하였는데, 등유를 만들고 남은 석유 찌꺼기로 만든 윤활유는 동물성 윤활유에 비할 바가 아니었다.

등유와 윤활유를 제외한 나머지 석유는 개울 등에 마구 버려졌다. 사용된 양보다 더 많은 석유, 요즘으로 치면 휘발유, 경유, 아스팔트 성분의 기름이 마구 버려져 식수원과 토양은 심각하게 오염되었고, 이런 열악한 환경으로 석유 생산지는 사람 살 곳이 못되었다.

안전사고는 다반사였다. 원유 생산에 딸려 나오는 천연가스를 이해하지 못해 폭발사고가 빈발하였고, 정유 공장에서는 조악한 기술로 화재와 폭발사고가 끊이지 않았으며, 석유를 운송하던 배에서는 유증기가 수시로 폭발했다.

혼란으로 시작된 석유 시대에 빼놓을 수 없는 인물이 존 록펠러(John D. Rockefeller)이다. 그는 미국 석유 산업을 장악하였을 뿐만 아니라, 오늘날의 미국 석유 산업을 만들어 놓은 인물이다. 1839년생인 록펠러는 오하이오 주 클리블랜드(Cleveland)시의 한 고등학

록펠러의 문어발식 영향력을 묘사한 그림(출처 미국 의회도서관)

교를 졸업하고 잡화점에서 경리보조원으로 경험을 쌓은 후, 스무 살에 자기 사업을 시작하였다.

남북 전쟁 중 밀, 돼지 등 농산물을 거래하였고, 북군에도 납품하여 큰돈을 모았다. 그는 등유를 판매하면서 초기 석유 산업의 혼란을 목격하였다. 이 혼란의 원인을 석유 산업에 만연한 경쟁으로 본 록펠러는 경쟁으로 인해 석유 자원이 낭비되고 있고, 석유 산업 전체에는 비효율이 넘친다고 보았다.

그는 드레이크가 펜실베이니아에서 석유를 찾은 지 11년 되는 1870년 스탠다드 석유회사(Standard Oil Company)를 만들어 석유 사업에 뛰어들었다. 록펠러의 사업 방식은 달랐다. 그는 정유 공장을 확장하거나 판매를 늘리는 것이 아니라, 석유 수송을 장악하여 석유 세계를 평정했다.

록펠러는 철도 회사의 석유 운송 용량을 사전에 고가로 전량 매입하여 경쟁 업체들의 석유 수송을 막았다. 이 결과 석유 생산지에서는 재고가 쌓여 석유 가격이 폭락한 반면, 소비지에서는 공급이 부족하여 가격이 급등하였다. 이 과정에서 록펠러는 경영 악화에 시달리던 정유 공장을 싼값에 매입하기도 하고, 안정적인 수익을 보장해주는 조건으로 공장을 넘겨받기도 하였다. 이런 방법으로 그는 클리블랜드에서 운영되던 26개의 정유 공장 중 22개를 장악하였다.

록펠러는 이들 정유 공장을 요즘의 지주회사(holding company)와 유사한 지배 구조인 트러스트(trust)를 통해 소유하였다. 록펠러는 일부 유능한 공장주에게는 트러스트 지분과 경영권을 보장해주기도 했지만, 공장 매각을 거부하는 공장주에게는 덤핑으로 석유를 판매하여 항복하게 만들었다. 1897년 록펠러는 30여개의 정유 공장을 인수하고, 미국 전체 석유 제품 생산의 80%를 장악하게 되었다.

　　특이한 점은 그는 석유 산업을 100% 장악할 수도 있었지만, 경쟁자는 항상 나오기 마련이라고 믿어서 미국 석유 산업을 완전히 장악하지는 않았다. 스탠다드 오일의 시장 지배력은 최대 90%에 이르렀고, 결국 1911년 5월 미국 대법원으로부터 해체를 명령받고 13개 회사로 분리되었다.

　　록펠러는 악덕 자본가, 문어발 기업주 등 수많은 비난을 받았지만, 석유 산업과 기업 경영에 큰 영향을 미쳤다. 스탠다드 오일 해체 이후 미국에는 셀 수 없을 만큼 많은 석유 기업들이 등장하고 사라졌지만, 미국 석유 산업 그리고 더 나아가 세계 석유 산업을 이끌고 나간 기업은 대부분 스탠다드 오일과 관련이 있다.

　　스탠다드 오일은 반독점법으로 해체된 후에도 인수 합병으로 분리된 회사들이 뭉치기도 했다. 오늘날 우리가 익히 아는 엑슨 모빌, 셰브론 등 주요 메이저 회사들이 스탠다드 오일의 대표적인 후신들이다.

록펠러의 스탠다드 오일은 당시 기업과는 상당히 다른 경영 방식으로 운영되었다. 그는 석유 가격의 변동이 심한 점을 감안하여 외부 차입을 멀리하고 자체 자금에 의존하였다. 그리고 사업 규모가 확대됨에 따라 수송, 마케팅과 같은 중요 사업 분야를 외주(outsourcing)를 주지 않고 내재화함으로써 회사 역량을 한껏 키웠다. 회사 규모가 비대해지면서 관료화되는 병폐가 나타나기도 했지만, 그는 고등학교 시절 배운 회계를 바탕으로 중요 경영 정보를 철저히 본사에 집중하게 함으로써 통합 경영 내지 중앙 집중적인 경영을 실현하였다.

　　미국의 산업화 초기 기업들은 규모가 크지 않은 중소기업으로서 소유주의 개인 역량에 전적으로 의존하였는 데 비해, 스탠다드 오일은 이런 경영 방식으로 대기업이 될 수 있었을 뿐만 아니라 오늘날 대기업 경영의 원형을 만들었다는 평가도 받고 있다.[3]

노벨 형제와 유럽의 석유

미국에서 석유가 발견된 시기와 비슷한 시기, 우연의 일치이지만, 유럽에서는 러시아의 변방에서 석유 역사가 시작되었다. 러시아에서의 석유 개발은 다이너마이트 발명과 노벨상으로 잘 알려진 노벨 집안이 주도했다. 노벨 집안은 러시아와 스웨덴에서 군수산업으로 유명했는데, 석유 분야에서는 노벨 삼 형제 중 둘째인 루드빅 노벨(Ludvig Nobel)이 주도하였다.

1873년 그는 소총 개머리판용으로 사용할 호두나무를 구하기 위해 형 로버트 노벨(Robert Nobel)을 러시아 남부 코카서스 지역으로 보냈다. 이곳에서 로버트 노벨은 아제르바이잔의 수도 바쿠에서 석유가 나오고 있다는 얘기를 듣고는 형제들과 상의도 없이 호두나무 구입 자금을 유전과 정유 공장 건설에 투자하였다.

석유 생산 지역인 바쿠는 고대부터 지표면으로 천연가스가 흘러나와 불타고 있었고, 이를 숭배하는 조로아스터교(Zoroaster)가 번성한 지역이었다.

당시 러시아에는 록펠러의 스탠다드 오일이 공급한 석유가 시장을 장악하고 있었는데, 제정 러시아 정부는 이를 경계하고 있었다. 그리고 아제르바이잔은 러시아 제국의 정치적 영향력 하에 있었고, 군수 사업으로 정치적, 경제적 기반이 탄탄하였던 노벨 형제로서는 러시아 정부의 후원까지 확보하고 있어 석유 사업은 시작할 만했다.

1889년 이런 배경 하에 노벨 형제들은 노벨 형제라는 뜻인 '브라노벨(Branobel)'이라는 석유회사를 러시아 수도 상트페테르부르크에 설립하고, 러시아 유력자들에게도 투자 기회를 제공하였다.

브라노벨은 러시아 석유 산업뿐만 아니라 세계 석유 산업에도 한 획을 긋는 영향을 미쳤다. 조심성이 많았던 록펠러와는 달리 이들 형제는 석유 사업에 엄청난 투자를 감행하였다. 러시아와 중앙아시아에 200여 정유 공장을 만들었고, 원유를 수출하기 위해 아

세계 최초 유조선 조로아스터(Zoroaster) 호(출처 마셜 A. 릭트만 2017년 논문).

제르바이잔에서 흑해 연안까지 철로와 파이프라인을 부설하였다.

더욱이 루드빅 노벨은 보유하고 있던 군수 공장의 우수한 기계 제작 기술을 활용하여 세계 최초의 유조선을 제작하는 데 성공하였다. 당시까지 석유는 배럴통에 담아 범선으로 수송하였다. 증기선이 이미 운항되고 있었지만, 유증기에 의한 폭발 사고로 증기선이 아니라 범선을 이용하여 대량 수송이 어려웠다. 1878년 브라노벨은 1500배럴의 유조선을 만드는 데 성공하였다.[4]

조로아스터 호로 명명된 이 유조선은 현재 기준으로는 매우 작지만, 당시로서는 혁신적이었다. 석유를 싣는 2개의 선창과 항해 중 발생하는 유증기를 빼내는 배기구를 갖춘 현대적 개념의 유조선 구조를 갖추고 있었다. 조로아스터 호는 볼가 강을 따라 석유를 수송하여 모스크바와 유럽까지 석유를 공급하였는데, 이를 계기로 러시아는 석유에 관한 한 미국으로부터 배울 것이 없다는 얘기를 하기도 했다.

브라노벨의 과도한 투자와 공격적인 경영은 경쟁 기업에 손을 내밀어야 하는 처지로 몰렸다. 투자 자금이 부족해진 브라노벨은 프랑스 유태계 은행 로스차일드(Rothschild)에 도움을 요청했다. 세계적인 금융기업인 로스차일드는 브라노벨이 미래에 생산할 석유를 담보로 투자금을 빌려줬다. 오늘날의 '석유 매장량 담보 대출(reserve-based-loan)'이었다. 이 대출로 로스차일드로서는 석유 산업에 뛰어들 수 있는 발판을 만들었다.

또한 영국의 종합무역상사 셸(Shell)은 브라노벨이 생산한 원유를 수입하고 있었는데, 브라노벨의 요청으로 이 지역 유전과 정유 공장 사업에 참여하였다. 결국, 브라노벨은 유럽 석유 시장을 두고 미국의 스탠다드 오일, 프랑스의 로스차일드 그리고 영국의 셸과 치열한 경쟁을 벌여야만 하는 상황에 직면해 있었다.

브라노벨은 한때 전 세계 석유 생산의 50% 이상을 차지할 정도로 성장했지만, 1917년 발발한 러시아 공산주의 혁명으로 막을 내렸다. 러시아에서 시작된 볼셰비키 혁명은 중앙아시아 등 러시아 주변 지역으로 확산되었고, 브라노벨의 석유 자산이 있던 아제르바이잔 바쿠도 공산 혁명의 소용돌이에 휘말렸다.

1920년 1월부터 시작된 아제르바이잔의 볼셰비키 혁명과 연이은 소비에트 군대의 침공으로 브라노벨은 모든 자산을 몰수당하면서, 국제 석유 산업에서 사라졌다.

러시아 석유는 공산주의 혁명과 내전 그리고 국내 경제 혼란으로 수출이 중단되었지만, 오래가지는 못했다. 볼셰비키 혁명 정부는 국내 경제를 안정시키기 위해 1923년 소위 '신경제정책(New Economic Plan)'을 시행하면서 민간 기업을 예외적으로 허용하고 국제 무역도 재개하였다. 하지만, 국제 석유 기업들은 러시아 석유 구입을 거부했다.

이들은 러시아 혁명 정부의 국유화는 민간 재산을 강탈한 것으로서, 러시아 석유 구입은 곧 장물 매입과 같다는 논리였다. 이에 비해 스탠다드 오일 계통의 석유회사들은 러시아가 석유 수출을 재개할 경우 자신들이 유럽 시장에서 고전할 것을 우려하여 러시아 석유를 제한적으로 구입하였다.

자동차의 연료가 된 석유

    석유의 소비는 자동차가 등장하면서 한 차례 도약했다. 19세기말 유럽과 미국 대도시들은 새로운 교통수단의 등장이 절실한 상황이었다. 당시 도시의 가장 유력한 수송 수단은 말이었다. 1900년, 서울 면적의 1/10에 불과한 뉴욕 맨해튼에는 약 80만 명의 시민들이 13만 마리의 말을 교통수단으로 이용하고 있었다.

    이 말들은 승용이 아니라 주로 마차를 끄는 용도로 사용되었다. 한꺼번에 이삼십 명이 탈 수 있는 버스형(omnibus) 마차, 각종 식자재와 생활필수품을 실어 나르는 마차 등을 말이 끌었다. 더욱이 증기 기관차의 출현으로 장거리 이동은 기차가, 단거리 수송은 말이 담당하는 기능적 분화가 이뤄졌고 그 말의 숫자도 급증하였다.

    말은 결코 값싼 교통수단이 아니었다. 당시 일반 노동자의 일당이 1 달러였는데, 버스 요금이 12센트였다. 맨해튼에는 약 300여개의 마차 버스 노선이 있었다. 버스 요금을 감안하면, 버스는 서민 교통수단이 아니라 수입이 좋았던 변호사, 의사 같은 전문직들을 위한 고급 교통수단이었다.

여기에 투입된 말들은 마리당 연간 3톤의 건초와 1톤의 곡물을 먹어 치웠다. 심각한 문제는 말의 배설물이었다. 13만 마리의 말들이 매일 90톤의 똥과 40만 리터의 오줌을 배설했다. 맨해튼 시는 일부 오물을 인근 농촌에 비료로 내다 팔기도 했지만, 시 예산의 1/3을 오물 청소비로 사용했다. 이런 노력에도 불구하고 악취와 오물은 해결되지 않았다. 새로운 교통수단이 등장하지 않으면 안 되는 상황이었다.[5]

석탄이 사용된 이후 유럽 여러 나라에서는 내연 기관에 관한 연구가 활발했다. 프랑스에서는 1859년에 석탄 가스를 이용한 최초의 내연 기관이 발명되어 마차에 장착되었고, 독일에서는 니콜라우스 오토(Nikolaus Otto)가 압축 석탄 가스를 이용하는 내연 기관을 만들었다. 1885년에는 고틀리프 다임러(Gottlieb Daimler)와 빌헬

1820년대 뉴욕 맨하탄의 마차 형 버스(출처 뉴욕타임즈)

름 마이바흐(Wilhelm Maybach)가 오토의 내연 기관을 개선하여 휘발유 엔진을 개발하는 데 성공하였다.

1892년에는 루돌프 디젤(Rudolf Diesel)이 휘발유 엔진과는 다른 방식의 엔진인 디젤 엔진을 개발하였다. 디젤 엔진은 휘발유 엔진보다 무거워 개발 초기에는 자동차 엔진으로는 적합하지 않았다.

19세기말, 20세기 초 자동차라는 기계가 무수하게 나타나고 사라졌는데, 자동차 연료로는 석탄, 휘발유, 알코올, 전기 등 거의 모든 에너지원들이 실험적으로 사용되었다. 그리고 마차 제작 공장은 누구나 자동차를 만들어 팔았다.

마차에 엔진만 올려놓아도 자동차로 행세했는데, 브레이크는 고사하고 핸들이 없는 자동차도 있었다. 심지어 철공소에서도, 집에서도 자동차를 만들었다. 자동차 왕이라 불린 헨리 포드도 자기 집 헛간에서 3년간 자동차를 만들었다고 한다. 가히 자동차의 춘추 전국 시대였다고 하겠다.

내연기관 자동차가 등장하기 전, 자동차의 원조격인 증기 자동차가 사용되기도 했다. 증기 기관을 축소하여 마차에 장착했는데, 불편한 점이 한두 가지가 아니었다. 석탄으로 물을 끓여 필요한 출력의 증기를 얻기까지 보통 약 10분 이상 소요됐다. 통상 30~40km만 운행해도 물과 석탄이 떨어졌고, 그을음과 석탄재도 골칫거리였다.

증기 자동차에는 증기 압력계, 물탱크 게이지 등 각종 계기가 열 개 이상이나 되어 운전 중에 이를 보는 일도 여간 성가신 일이 아니었다고 한다. 증기 기관의 무게와 석탄의 무게가 만만찮아 속도는 느릴 수밖에 없었다.

초기 휘발유 자동차가 인기가 없었던 것도 마찬가지였다. 핸들, 변속 기어, 클러치 등 운전에 필요한 장치들이 너무 많아 이를 능숙하게 다루는 것이 쉽지 않았다. 배출 가스가 만들어 내는 매연도 성가신 존재였으며, 도로와 주유소 같은 기반 시설이 제대로 갖춰지지 않아 가까운 거리에나 사용했다. 또한 엔진 소음으로 주변의 말들이 놀라 날뛰는 바람에 사고도 잦았다. 이런 이유로 휘발유 자동차를 타는 사람은 기피 대상이 되기도 했다.

이런 단점에도 불구하고 휘발유 자동차는 무시할 수 없는 장점이 많았다. 우선 석유 보급이 확대되면서 연료 구하기가 쉬워졌다. 당시 농촌은 휘발유 내연 기관이 대거 보급되어 각종 농사에 이용되었고, 페인트 용제, 청소용 등으로도 사용하고 있었다. 이런 이유로 대부분의 일반 잡화점이 휘발유를 팔았다.

그리고 1914년 미국 동북부에서 발생한 구제역이 휘발유 자동차 보급에 일조하였다. 구제역 확산을 막기 위해 지방 정부들은 말에게 물을 주는 공용 물통들을 모두 치워버렸다. 이로 인해 공용 물통에서 물을 구했던 증기 자동차가 운행할 수 없게 되었다. 구제역의 영향을 받지 않았던 휘발유 자동차가 구제역 발병의 반사 이익을 누렸던 것이다.[6]

휘발유 자동차의 보급 확대에 헨리 포드(Henry Ford)가 결정적인 역할을 했다는 것은 잘 알려진 얘기이다. 포드가 출현하기 전까지 자동차는 수작업에 의해 소량 생산되어 매우 비쌌고, 그저 소수 부자들이 교외로 소풍갈 때나 사용하는 사치품 정도로 인식되었다. 또한, 동네 철공소 수준의 자동차 공장들이 난립하여 품질과 성능도 천차만별이었다.

그런데, 포드는 자동차가 사치품이라는 인식을 바꾸기 위해서는 중산층이면 누구나 구입할 수 있는 자동차가 필요하다고 생각했다. 이를 위해 그는 포드 방식(Fordism)이라는 대량 생산을 통해 자동차 가격을 크게 낮췄다. 그는 1908년 '싸고 믿을 만한 자동차'라는 기치 아래 모델 T를 출시했다. 그런데, 제1차 세계 대전을 거치면서 미국에서는 중산층이 크게 확대되었고, 이들은 요즘 가치로 약 3만 5천 달러 정도 되는 자동차를 구입할 수 있는 구매력도 갖추게 되었다.

유럽에는 미국보다 늦은 1930년대부터 자동차가 본격 보급되었는데, 그 시작점은 독일이었다. 독일은 1930년대 독재자 히틀러의 '국가 동력화 계획(National Mechanization Plan)'을 추진하면서 자동차를 대량으로 생산하였다.

이에 비해 영국, 프랑스 등 유럽 다른 국가에서는 제2차 세계 대전 종전 후, 경제 복구기인 1950년대부터 일반 중산층의 구매력이 확대되면서 자동차가 보편화되었다.

석유와 내연 기관에 기반을 둔 수송의 기계화는 농업에도 큰 변화를 갖고 왔다. 석탄 사용시대에서는 기대할 수 없었던 변화였다. 인력과 가축에 의존하던 전통적인 영농 방식은 퇴조하고, 내연 기관이 장착된 각종 기계가 농업에 투입되면서 농업 생산은 혁명적으로 변하였다. 농업의 기계화는 파종, 수확과 같은 기본적인 영농 행위뿐만 아니라, 관개와 농산물 가공 같은 파생적인 분야에도 진행되었다.

또한, 석유 화학 산업의 급속한 발달에 힘입어 비료, 살충제, 제초제 같은 농업용 화학 제품도 대량 생산되었다. 그래서 현대인은 '석유로 만든 식량'을 먹고 산다는 말까지 나오기도 하였다. 또한, 가축 사료를 재배하기 위해 사용했던 농지들이 농업 기계화를 계기로 식량 생산에 사용될 수 있게 되어, 농지를 확대하는 효과를 가져왔다. 석유가 전반적인 식량 생산 증가에 기여했다고 하겠다.

영국의 석유 전략화

　19세기 석유는 등유, 윤활유 등 단순히 경제적 용도로 사용되었고, 스탠다드 오일, 셸과 같은 민간 석유 기업이 석유 생산, 수송, 정제와 같은 가치 사슬(value chain)을 주도하였다. 하지만, 20세기에 들어 석유는 전략 상품으로서의 성격이 보태졌다.

　20세기 전반기에 발생한 두 차례의 세계 대전에서 석유를 사용하는 각종 기계와 장비가 전쟁에 결정적으로 영향을 미치면서 유럽 국가들은 석유를 단순한 경제적 상품이 아니라 국가 안보를 위해 반드시 확보해야 하는 전략 상품으로 인식하였다.

20세기초 독일 최신 전함(dreadnaught) (출처 처칠 기록보관센터)

주요 국가들이 추진한 석유의 전략화 과정이 동시에 시작된 것은 아니었지만, 거의 모든 국가가 이에 뛰어들었고, 이에 성공한 국가와 실패한 국가들의 생존과 미래는 극명하게 대비되었다.

석유의 전략화를 가장 먼저 인식하고 준비한 국가는 영국이었다. 19세기말 세계 정치의 패권 국가였던 영국은 독일의 부상과 이에 따른 해외로의 확장을 우려하였다.

독일은 프러시아의 철혈(iron and blood) 재상 비스마르크의 리더십 하에 수 차례의 전쟁을 통해 통일을 달성하였고, 강력한 산업화를 통해 유럽의 강대국이 되었다. 비스마르크 퇴진 후 독일 황제 빌헬름 카이저는 강화된 국력을 바탕으로 독일의 해외 진출과 식민지 확보를 추진하였는데, 이 과정에서 각종 국제 문제에 개입하기 시작하였다.

이런 공격적인 독일의 대외 정책으로 기존 유럽 강대국들은 긴장하지 않을 수 없었다.

1911년 독일이 일으킨 모로코 사태는 영국이 석유의 전략화를 위한 정책을 실행하는 계기가 되었다. 독일은 프랑스의 실질적 식민지였던 모로코에서 발생한 반란에 자국 이익과 거류민을 보호한다는 명분으로 최신 전함을 파견하였다. 그리고 프랑스에 독일이 당한 불이익을 보상받기 위해 프랑스 식민지를 내놓을 것을 요구했다.

40년 전 보불전쟁에서 독일에게 패배한 경험이 있던 프랑스는 신생 강대국 독일의 위협에 굴복하여 오늘날의 콩고 등 서부 아프리카 식민지를 독일에 양도하였다. 후발 강대국 독일은 식민지를 찾아 기존 강대국들이 장악하고 있던 태평양까지 진출하였는데, 이 과정에서 해상 전력을 키워 당시의 해상 패권 국가였던 영국에 도전하였다.

영국은 해외 식민지를 연결하는 해상 교통로 확보를 국가 생존의 조건으로 여겼던 결과 해군력에 절대적으로 의존하고 있었다. 독일 해군의 최신 장비에 뒤지고 있던 영국 해군은 전력 강화 작업에 착수하면서 함정 속도를 높이기 위해 함정 연료를 석탄에서 석유로 전환하기로 하였다.

석유로 만든 연료유는 함선 운영에 있어 석탄보다 많은 장점이 있었다. 연료유는 석탄보다 열량이 높아 함선 출력을 크게 높일 수 있는 반면, 함정에서 차지하는 공간은 석탄보다 훨씬 작아 더 많은 병력과 무기를 실을 수 있다. 석유는 석탄보다 매우 용이하게 선적할 수 있었다. 또한 석탄을 보일러에 투입하기 위해서는 많은 병사를 화부로 써야 했지만, 석유는 그럴 필요가 없어 병력을 전투에 더 많이 활용할 수 있었다.

석유의 이런 기능적 우위 외에 군사 전략적 장점도 무시할 수 없었다. 영국은 팍스 브리태니커(Pax Britannica)를 건설하면서 세계 주요 해상 교통로를 장악하고 있었지만, 군함과 상선에 석탄과 물을 공급하기 위해 세계 곳곳에 저탄지를 보유해야 했다. 이 보급

기지를 유지하기 위해 영국은 어쩔 수 없이 많은 국가들과 군사적 외교적 마찰을 감수해야 했다.

이에 비해 석유는 유조선을 이용하여 해상에서 손쉽게 공급할 수 있어 많은 보급 기지를 운영할 필요가 없었고, 따라서 불필요한 국제 정치적 마찰을 줄일 수 있었다. 석탄은 항해 중인 군함에 공급하는 것이 거의 불가능하였고, 증기 군함이 해상에서 작전할 수 있는 기간은 며칠에 불과했지만, 석유는 해상 급유가 가능했기에 작전 구역을 넓힐 수 있는 효과도 있었다.

석유의 전략적, 군사적, 기술적 이점에도 불구하고 영국은 복잡한 국내 정치 때문에 해군 연료의 석유화를 결정하지 못하고 있었다. 20세기 초 영국 정치는 산업화에 따른 노사 분쟁이 심각해지면서 이에 대처하느라 정신이 없었다. 영국 의회에는 국내 정치 안정을 위해 복지 예산을 우선적으로 확대해야 하고, 해군 현대화는 서두를 이유가 없다는 '경제파'가 다수였다.

한편, 연료전환을 지지하는 '해군파'는 영국 경제의 지속적인 확장과 식민지를 유지하기 위해서는 해군의 전략적 우위를 유지해야 하며 이를 위해서는 해군 연료를 전환하여야 한다고 주장하고 있었다. 이런 대립 상황에서 1911년 말 경제파였던 윈스턴 처칠(Winston Churchill)이 해군장관에 취임하면서 해군 현대화는 물 건너가는 것처럼 보였지만, 모로코 사태의 심각성을 인식한 경제파 처칠은 해군파로 전향하였다.

해군장관 처칠은 제1차 세계 대전이 발발하기 2년 전인 1912년 해군 연료 전환을 결정하였다. 처칠이 연료 전환에서 가장 중요하게 여긴 부분은 안정적인 석유 공급이었다. 석탄과 달리 석유는 영국에서 생산되지 않아 신뢰할 수 있는 공급원을 확보해야 했고, 이를 위해서는 믿을 만한 석유 기업을 활용할 수밖에 없었다.

당시 두 기업이 후보였다. 첫 번째 후보는 유럽과 아시아 석유 시장의 강자였던 셸이었다. 셸은 이미 영국 해군의 연료 전환을 예상하고 준비하고 있었다.

특히, 무역회사였던 셸은 해외 지점을 통해 수집한 독일 해군의 정보를 영국 정부에 제공하고 있었다. 이러한 영국 해군과의 긴밀한 신뢰 관계 외에도 셸이 갖고 있던 세계적인 석유 공급망은 전 세계를 대상으로 활동해야 했던 영국 해군에게 꼭 필요한 조건이었다.

또 다른 후보는 '앵글로-페르시아 석유회사(Anglo-Persia Oil Company, APOC)'였다. APOC는 스코틀랜드 출신 기업가와 영국 식민지 호주에서 금광 개발에 성공한 사업가 윌리엄 다시(William D'Arcy)가 만든 소규모 벤처 석유회사였다. APOC는 천신만고 끝에 이란으로부터 석유 개발권을 확보하고 오늘날 이란-이라크 국경 인근인 술레이만(Suleiman)에서 석유를 생산하고 있었다.

그런데, 이곳에서 생산되는 원유는 등유 생산에는 부적합한 반면, 연료유 생산에는 적합한 중질(heavy) 원유였다. 그리고 소규모 회사였던 APOC는 자금 부족에 시달려 해군 연료 공급권과 같은 안정적인 판매처가 절실하였다.

영국 정부는 경제적, 운영상 이유보다 전략적 관점에서 APOC를 선택하였다. 셸의 소유주는 유태인이었고, 셸의 합작 파트너인 로열더치는 독일과 사촌과 같은 네덜란드계 회사였다. 로열더치가 유사시 독일의 압력에 굴복하여 영국 해군에게 석유 공급을 거부할 가능성이 우려되었다.

영국 정부는 해군 연료 공급과 외교와 관련된 사안에 대해서는 비토권을 보유하는 조건으로 220만 파운드를 투자하여 APOC 주식 51%를 매입하였다. 이 회사가 영국을 대표하는 메이저 석유회사 BP(British Petroleum)인데, 세계 최초의 국영 석유회사였다. 민간 중심의 자유주의 경제를 추구하던 영국이 석유 안보라는 전략적 목적을 위해 민간 석유회사를 국영 회사로 만든 것이다.[7]

영국 해군의 연료유 전환은 1914년 제1차 세계 대전 발발 전에 완성되지는 못했지만 전쟁 중에도 연료 전환을 계속 추진하면서 독일 해군을 압박하였다. 연료유 덕분에 영국 함정은 압도적 기동력을 발휘하여 독일 해군을 능

1910년대 이란에서 석유탐사하는 APOC 기술자(출처 아잠 미디어)

가하였고, 이 결과 독일 해군을 북해로 나오지 못하게 만들었다. 석유가 영국의 독일 해상 봉쇄라는 전략적 목적에 크게 기여한 것이다.

또한, 영국 정부는 전쟁 중 적국인 독일의 도이치뱅크가 소유하였던 영국 내 각종 석유 자산을 몰수하여 APOC에 불하하였다. 이 조치는 당시 중소기업에 불과했던 APOC를 세계적인 메이저 회사 BP로 성장시키는 기반이 되었다. 영국은 이후 BP를 정책 수단으로 사용하였고, BP는 영국 석유 공급과 경제에 활력을 불어넣는 안전판 역할을 하였다.

영국의 석유 전략화에 결정적인 역할을 한 처칠의 인식은 석유가 경제와 안보를 아우르는 핵심 요소임을 각인시켰다. 당시 영국 언론들은 영국 해군이 국내산 석탄을 포기하고 불확실한 해외 석유에 의존하는 것은 영국 경제와 영국 납세자들을 불구로 만드는 것이라고 주장했다. 이에 대해 처칠은 석유를 확보하지 못하면 옥수수도 구할 수 없고 면화도 확보할 수 없으며 종국에는 대영 제국의 경제 원동력에 필요한 수천 가지 상품을 확보할 수 없을 것이라고 주장했다.

해군의 연료 전환은 단순히 군사 문제로 국한되는 것이 아니라 영국의 경제 문제이며 더 나아가 생존 문제라는 것이다. 즉, 독일 해군이 영국의 해상 교통로를 위협하는 것은 영국의 존재를 위험에 빠뜨리는 것이며, 함정의 미래 에너지 석유를 통해서 독일 해군을 억제하려고 했던 것이다.

처칠에게 있어 안정적인 석유 공급은 공급원 다원화였다. 그는 셸 이외 다른 석유 공급 회사가 필요하다는 점을 강조하면서, 영국은 특정 국가, 특정 유전 그리고 특정 수송로에만 의존해서는 안 된다고 주장했다. 그의 주장은 해군이 셸의 독점적 지위에 의존해서는 안 된다는 점을 지적함과 동시에 영국에게 복수의 석유회사가 필요하다는 점을 의미하였다. 일부에서는 영국 정부의 APOC 투자를 망해가는 회사에 구제 금융을 제공한 것으로 보는 시각도 있지만, 처칠의 결정은 석유 안보 정책의 명확한 방향을 제시하는 효과가 있었다.

'한 바구니에 모든 계란을 담지 말라'는 금언처럼, 석유 안보를 위해서는 복수의 공급원, 즉 공급원을 다원화해야 된다는 점을 처칠은 일찍이 실현한 것이다.

뒤늦게 뛰어든 프랑스

20세기 초반 프랑스의 석유 여건은 열악했다. 등유 사용 증가와 자동차 보급 확대로 프랑스는 늘어나는 석유 수요의 80% 이상을 미국의 스탠다드 오일에 의존하였다.

등유가 본격적으로 공급되기 전, 프랑스에서는 식물 기름을 이용한 등유가 보편적으로 사용되었는데, 이들 식물 기름 생산업자들은 석유 정제업으로 사업을 확장하면서 원유 공급을 스탠다드 오일에 의존하였다. 그리고 이들은 의회를 움직여 석유 제품 수입에 높은 관세를 부과하게 하여 국내 시장에서 높은 이익을 즐기고 있었다.

국내 석유 자원이 없었던 프랑스는 해외 석유 개발에 뛰어들었지만, 영국과 달리 금융 기관들이 이를 주도하였다. 프랑스 최대 은행 로스차일드는 노벨 형제의 중앙아시아 석유 개발과 러시아 철도에 대규모로 투자하였고, 파리바 은행은 루마니아 유전에 투자하고 있었다. 이들 투자은행은 석유 생산이나 판매와 같은 석유 자원 확보보다 투자 수익에 더 큰 관심을 갖고 있었다. 그리고 국내 석유 정제업자들은 이들 은행이 석유를 국내로 도입할 지도 모른다고 우려하면서 투자 은행들을 극도로 견제하고 있었다.

함정 연료 전환에서도 프랑스 해군의 전략적 인식은 영국에 비할 바가 아니었다. 당시 프랑스에는 휘발유가 아닌 알코올을 사용하는 내연 기관 자동차가 도입되고 있었다.

알코올 생산업자들은 전통적으로 강력한 정치적 영향력을 행사해 온 와인 생산업자이기도 했는데. 이들은 해군을 상대로 조만간 알코올 내연 기관이 개발될 것이기 때문에 영국처럼 함정 연료를 연료유로 전환할 필요가 없다고 로비했다.

여기에 더하여 프랑스 석탄 생산 업자들은 석탄 가스 자동차를 예로 들면서 해군도 석탄 가스 엔진을 사용할 것을 로비하기도 하였다. 이러한 정치적 압력 속에서 프랑스 군부는 디젤 잠수함을 도입하는 등 석유 소비가 늘어남에 따라 석유 공급 안보를 우려했지만, 영국과 같은 과감한 정책을 이끌어 내지 못하고 있었다.

1914년 8월에 발발한 제1차 세계 대전은 석유에 대한 프랑스의 인식을 바꾸는 계기가 되었다. 개전 약 한 달만인 9월 독일군은 파리 외곽 50km 지점인 마른(Marne)강까지 밀고 들어왔고, 파리에서는 전선으로 병력을 수송해야 하는 상황이었다. 이에 파리시는 시내 택시 600여 대를 징발하여 병력 수송에 투입하였다.

택시는 한 대당 병사를 5명밖에 수송하지 못했지만, 세계 최초로 자동차를 이용한 병력 수송이 이뤄졌다. 철도보다 더 신속한 병력 수송에 힘입은 영국과 프랑스 연합군은 마른 전투에서 독일군의 진격을 저지시키는 데 성공하였고, 이를 계기로 전쟁을 독일군의 장점인 전격전에서 약점인 지구전으로 전환시킬 수 있었다.

마른 전선으로 수송을 기다리는 프랑스군(출처 그래험 터너 저, 마른의 택시)

제1차 세계 대전 중 전쟁이 기계화되는 현상도 석유에 대한 프랑스의 인식을 깨우치는 효과가 있었다. 전쟁은 영불 연합군이 참호 속에서 독일군과 대치하는 소모전으로 바뀌었지만, 전쟁 발발 2년 만에 영국은 참호를 돌파할 수 있는 장비, 즉 탱크를 발명하여 전선에 투입하였다. 탱크는 석유를 연료로 사용하는 기계가 전쟁에 투입된 최초의 사례로서 전쟁의 기계화를 알리는 신호탄이었다.

그리고 하늘에서는 1903년 미국 라이트 형제가 발명한 휘발유 엔진 비행기가 투입되었다. 전쟁 초기 글라이더 수준에 불과했던 비행기는 주로 정찰용으로 이용되었지만, 전쟁 막바지인 1916년에는 기관총이 탑재되어 공중전이 벌어졌다. 오늘날 전투기의 원형을 갖추면서 과거에는 상상할 수 없는 공중전이 벌어진 것이다.

함정 연료는 여전히 석탄이었지만, 오히려 석유의 역할이 강하게 부각되었다. 제1차 세계 대전은 유럽의 육상에서 주로 벌어져 해군의 역할이 크지는 않았지만, 독일은 영국을 해상 봉쇄하기 위해 전쟁 초기부터 디젤 엔진을 장착한 잠수함 유-보트(U-Boat)를 투입하여 영국을 위협하였다. 유보트 작전이 영국 해상 봉쇄를 완벽하게 수행하지는 못했지만, 석유로 움직이는 잠수함의 위력은 증명되었다.

해상이 아니라 수중도 이제 전쟁 공간이 되었고, 이는 석유에 의해 가능할 수 있었다. 이제 땅과 바다 위는 물론이고 하늘과 바다 속에서까지 전쟁이 벌어졌고, 이 모두가 기계에 의존할 수밖에 없었다. 이 기계는 석유가 움직였는데, 전쟁의 성패가 에너지에 의해 결정적으로 영향을 받는 시대가 열린 것이다.

전쟁 막바지 프랑스는 석유에 운명을 걸어야 하는 상황이었다. 종전을 약 1년 앞둔 1917년 12월, 독일군의 춘계 대공세를 대비하던 프랑스는 비축 석유가 3일 정도에 불과했다. 미국 외에는 대안이 없었던 프랑스 총리 클레망소(Clemenceau)는 미국 윌슨 대통령에게 석유 공급을 호소하였다.

그는 프랑스에게 석유는 피만큼 중요하며, 프랑스는 석유 부족으로 연합국에 불리한 평화를 강요받을 수 있다고 주장했다. 총리의 말은 절박한 석유 사정을 호소하려는 의도였지만, 듣기에 따라서는 석유를 공급해주지 않으면 독일에게 항복할 수 있다는 위협으로 들릴 수도 있었다. 석유 준비없이 전쟁을 당한 프랑스는 석유가 그만큼 절박하였다.[8]

전쟁 중 석유의 위력을 경험한 프랑스는 종전 무렵부터 구체적인 정책을 도입하려는 노력을 보였다. 클레망소 총리는 종전 열흘 후인 1918년 12월 1일 런던을 방문하여, 로이드 조지(Lloyd George) 총리와 전후 협상을 논의하는 자리에서 이라크 북부와 시리아를 요구하였다. 이는 프랑스가 오스만 제국에서의 석유 개발을 염두에 둔 요구였는데, 영국으로부터 구두 동의를 얻어내는 성과를 거두었다.

프랑스는 국내뿐만 아니라 해외 식민지에서도 대형 유전이 발견되지 않았지만, 이 지역에서 석유가 발견될 가능성이 매우 높은 것으로 보았다. 그런데, 이 지역은 영국이 APOC의 페르시아 유전을 보호하기 위해 이미 점령하고 있었다. 프랑스로서는 이 지역 유전을 확보하기 위해서는 이 일대를 점령하고 있는 영국에게 협조를 요청하지 않을 수 없었다.

프랑스가 석유를 확보하는 전략은 영국의 APOC와 같은 국영 석유회사를 만드는 것이었다. 그런데, 여기에는 셸의 배후 역할도 있었다. 셸은 영국 해군 연료 전환 결정에서 고배를 마시면서 영국의 강력한 정치적 지원을 확보하기 어렵다는 점을 확인하였다. 또한 1차 대전 중에는 적대국 터키가 석유 수송 루트였던 보스포러스(Bosporus) 해협을 봉쇄함에 따라 셸은 러시아산 석유를 구하기도 어려워졌다.

그리고 셸은 전쟁 전 추진했던 오스만 제국에서의 석유 개발 사업도 터키가 패전국이 될 가능성이 높아지면서 그 미래가 불투명해져가고 있었다. 경쟁 기업 스탠다드 오일은 전쟁 특수를 누리고 있는 반면, 셸은 오히려 석유 공급 불안으로 경영 위기를 맞고 있었다. 이에 셸은 영국이 아니라 프랑스 정부로부터 정치적 지원을 확보해야 하는 절실한 상황이었다.

이런 배경 하에 셸은 프랑스 정부 정책에 적극 협조하였다. 영국의 APOC와 같은 국영 석유회사를 보유하려던 프랑스는 전쟁 말기부터 독일 및 터키 등 패전국이 중동에 갖고 있던 석유 자산을 전쟁 배상금으로 확보하는 것을 고려하였고 셸의 도움을 받아 국영 석유회사를 만들었다.

사실, 셸은 영국 해군 석유 공급에 참여하지 못하면서 안정적인 석유 수요처가 필요했고, 프랑스는 스탠다드 오일의 원유 공급 독점을 우려하여 국영 석유회사가 필요했다. 양측의 이해관계가 맞아 떨어지면서, 셸은 프랑스의 이라크 석유 개발도 지원하였다.

프랑스 정부는 1919년 6월 석유 개발에 관심 있는 프랑스 기업과 금융 기관들을 모아 '프랑스 석유개발협회(Sociètè pour l'Exlpoitation des Pètroles)'를 출범시켰다. 제1차 전쟁이 끝난 지 1년도 되지 않아 프랑스는 국영 석유회사를 만들었다. 프랑스는 그만큼 제 1차 대전을 통해 석유 안보의 절박함을 확인하였다고 하겠다.

전략화에 실패한 독일

독일은 석유를 본격적으로 사용하기 전, 석탄에 기반을 둔 탄탄한 에너지 산업을 보유하고 있었다. 독일은 영국보다 산업화를 늦게 시작했지만, 풍부한 국내 석탄이 산업화를 뒷받침하였다. 특히, 독일은 석탄을 기반으로 한 화학 산업이 매우 발달하여 석탄에서 인공 합성 등유를 추출하였지만, 스탠다드 오일이나 셸이 공급하는 석유로 만든 등유와는 경쟁이 되지 못했다.

인공 합성 등유 1톤을 생산하기 위해서는 석탄 7톤이 필요했는데, 경제성이 현저히 낮았다. 그리고 외국 석유회사들의 공격적 마케팅을 견디지 못했다. 인공 합성 등유는 소규모 소매상들을 통해 소량으로 판매되었는 데 비해, 스탠다드 오일은 전국적인 유통망을 구축하고 마차를 이용하여 각 가정에까지 석유를 배달해주었다. 스탠다드 오일과 셸 등 외국계 석유회사가 독일 석유 시장의 95%를 장악하면서, 독일 상인들의 경쟁심은 적개심으로 변하고 있었다.

독일도 석유 자원을 프랑스와 유사하게 금융 기관을 중심으로 확보하려 했다. 독일의 국책 은행 도이치 뱅크는 루마니아 유전에 투자하였지만, 루마니아 석유로는 독일 석유 공급에 충분치 않을 것으로 판단하고, 눈여겨보고 있던 오스만 제국의 메소포타미아 지역 유전을 확보하려고 했다. 독일은 오스만 제국에 대규모 자금 지원을 조건으로 베를린에서 바그다드까지 이르는 약 1,700km의 철도 부설과 철로 양측 20km 내에서의 석유 개발권을 함께 요구하였다.

전제 군주 국가였던 오스만 제국은 독일의 제안을 환영하였다. 오스만 제국은 유럽 은행에 항만, 통신, 광산 등과 같은 안정적인 수익이 발생하는 사업들을 담보로 제공하고 자금을 조달하였지만, 과도한 차입으로 1880년대부터 부채를 상환하지 못하였고, 이 결과 이들 사업체는 이미 유럽 은행의 수중으로 넘어간 상태였다. 1908년에 혁명을 일으킨 '청년 터키당(Young Tuks)'은 철도와 통신을 현대화할 필요성을 느끼고 독일의 바그다드 철도 계획을 수용하였다.

독일의 오스만 제국 진출은 영국에게는 전략적으로 애매한 사안이었다. 영국은 1909년 이란의 남서부와 오늘날 이라크 국경 지대에서 APOC가 솔레이만 유전을 발견하면서 인접 지역을 보호령으로 삼았었다. 그런데, 독일의 바그다드 철도가 이라크 남부 해안 도시 바스라까지 연결될 경우 이 유전이 위협받고, 더 나아가 독일이 걸프만으로 진출할 수 있을 것으로 내다봤다. 이런 우려와 동시에 영국은 독일이 러시아를 견제할 수 있을 것이라는 긍정적인 기대도 하고 있었다. 신흥 강대국으로 부상한 독일이 부동항을 찾아 세계 각지로 진출하는 러시아를 견제할 능력이 있다고 본 것이다.

특히, 영국은 1905년 러일 전쟁에서 패전한 러시아가 약 10년간 국제 정치 무대에서 위축될 수밖에 없을 것으로 예상하였는데, 그 10년이 끝나가고 있었던 것이다. 이런 관점에서 영국은 독일의 메소포타미아 석유 진출을 반대할 수도 지원할 수도 없는 전략적 딜레마에 직면하였다.

이런 모호한 상황을 절묘하게 파고든 미지의 인물이 있었다. 바로 칼루스트 굴벤키안(Calouste Gulbenkian)인데, 그는 오스만 제국 영역이었던 아르메니아 출신으로서 영국 킹스 칼리지(King's College)에서 석유 공학을 공부하였다. 더욱이 그의 집안은 아르메니아에서 석유 공급 사업을 하였고 아제르바이잔에서는 유전을 소유하여 석유에 대한 이해가 깊었다.

굴벤키안은 메소포타미아 지역의 석유 잠재력에 관한 보고서를 오스만 제국 재무장관에게 제출하였고, 영국, 독일 등 주요 국가들의 이해관계를 간파하고는 석유 개발에 주저하던 오스만 제국을 설득하여 1912년에 '터키 석유회사(Turkish Petroleum Company, TPC)'를 만드는 데 성공하였다.

TPC는 제국주의 시대에 벌어졌던 복잡한 국제 정치의 타협 결과였다. 독일을 견제해야 했던 영국은 독일이 바스라로 철도를 건설할 경우 영국의 동의를 받겠다는 확약과 영국의 절대 지분 보유를 요구했다. 독일로서는 영국의 정치적 동의뿐만 아니라 향후 소요될 자금을 영국 금융계로부터 조달해야 했기에 영국의 요구를 수용하였다.

또한, 중간에서 거래를 성사시킨 굴벤키안도 참여를 원했다. 이러한 요구들이 반영되어 TPC 지분은 영국계 민간 은행 '터키국민은행(Turkish National Bank)'이 50%, 도이치 뱅크가 25%, 영국의 로열더치셸이 25%로 구성되었다. 그리고 굴벤키안은 터키국민은행 지분 30%를 보유하기로 함으로써 결국 TPC 지분의 15%를 이면에서 갖게 되었다. 결국, 독일은 전체 지분의 25%를 갖는 것으로 만족하여야 했다.

독일의 석유 계획은 제1차 세계 대전이 발발하면서 무산되었다. 이에 가장 크게 놀란 세력은 독일 군부였다. 신무기인 잠수함 등이 개발되어 석유 사용이 늘어날 것으로 예상되는 상황에서 군부는 스탠다드 오일의 석유 공급 중단을 우려하였다. 군부의 우려대로 전쟁이 시작되면서 석유 공급은 차질을 빚었다. 또한 독일의 중요 석유 공급원이었던 루마니아 유전도 전쟁 발발 2년 후인 1916년 영국군 특공대 단 2명의 주도로 파괴되었다.

탱크, 비행기 등 석유를 연료를 사용하는 기계들이 전장에 등장하면서 그 역할이 늘어났지만, 독일은 석유 공급 제한 때문에 이런 추세를 따라 잡을 수 없었다. 결국, 패전한 독일은 갖고 있던 각종 석유 자산과 이권을 전쟁 배상금으로 연합국에게 넘겼다. 도이치 뱅크가 갖고 있던 루마니아와 러시아 유전 지분은 물론이고 TPC 지분도 프랑스 등에 넘겼다.

제1차 세계 대전 패전으로 독일 유전 확보 노력은 무산되었지만, 히틀러가 집권하면서 다시 추진되었다. 석유에 대한 히틀러의 인식은 남달랐다. 히틀러는 독일 민족의 생존을 위한 '생존권역(lebensraum)'이라는 이론을 들고 나왔다.

경제적 지리적 공간을 의미하는 생존권역은 독일이 산업화와 통일로 내달리고 있던 19세기 말부터 독일 민족주의자 내지 극우 세력들이 주장하였다. 이들은 독일 민족의 번영을 위해서는 안정적인 생존권역이 필요하며, 1차 세계 대전 패배는 독일이 생존권역, 즉 식민지를 확보하지 못했기 때문이라는 것이다.[9] 히틀러는 생존권역을 확보하기 위해서는 정치적 의지가 중요하다고 주장했고, 집권 이후 이를 이데올로기화하여 침략의 이론적 토대로 사용하였다. 히틀러는 독일이 주요 자원을 해외, 특히 해상 수송에 의존하여 패전하였다고 보았는데, 여러 자원 중에서도 석유가 핵심이었다.

1933년 권력을 장악한 히틀러는 독일 경제 회복이라는 명분하에 '국가 동력화 계획'을 추진하였다. 자동차 산업 육성 종합 계획이었던 이 계획에는 미국 포드의 대량 생산 방식을 도입하여 전 독일 국민에게 국민차 폭스바겐을 보급하고, 고속도로(autobahn)를 전국적으로 건설하며, 국민들에게 자동차 운전 교육을 시키는 것들이 포함되었다.

그런데, 이 계획은 늘어나는 석유 수요를 해결해야 하는 과제를 낳았다. 다행히 독일 국내에는 북부 하노버 지역을 중심으로 다수의 유전들이 있었으며, 1934년 기준 국내 소비의 약 85%를 공급하였다. 국내 석유 개발을 장려하기 위해 독일은 수입 석유에 대한 관세를 대폭 인상하고, 석유 탐사에 보조금도 지급하였다. 이 결과, 나치 치하에서 탐사 시추가 3배 증가하였고, 종전 무렵에는 원유 생산이 전쟁 직전의 4배 가까이 증가하였다. 하지만, 이것으로는 급증하는 석유 수요를 충족하기에 역부족이었다.

나치 정권은 동유럽으로 팽창하면서 점령 지역의 유전을 접수하였다. 독일은 도이치 뱅크 주도로 1941년에 민관 합동 석유회사 '대륙 석유(Kontinentale Öl AG)'를 설립하였다. 히틀러 정권은 이 회사에 석유 제품 교역과 독일 점령지에서 획득한 석유 자산에 대한 독점 권한을 부여하였고, 경영에 개입하기 위해 독일 정부가 주주 의결권도 보유하였다.

대륙 석유는 루마니아, 오스트리아, 에스토니아, 우크라이나 등 독일이 점령한 지역의 유전을 인수·운영하였는데, 이들 유전에서 독일 국내 수요의 약 1/4을 충당하였다.

점령지 유전 확보 못지않게 나치에게 중요한 석유 공급원은 석탄을 이용하는 합성 석유(synthetic fuel)였다. 합성 석유 공법은 크게 두 가지가 있었다. 프란츠 피셔(Franz Fischer)가 중심이 되어 개발한 피셔-트롭시(Fischer-Tropsch) 공법으로 생산한 합성 석유는 저품질 원유와 유사하여 휘발유, 디젤유와 같은 고급 석유 제품을 생산하는 것이 어려웠다.

이에 비해 프리드리히 베르기우스(Friedrich Bergius)가 개발한 '수첨화(hydrogenation)' 공법은 고온·고압 하에서 갈탄(brown coal)에 수소를 첨가하여 합성 석유를 생산하였는데, 휘발유 및 항공유 성분이 풍부한 인공 석유를 생산하였다. 독일 최대 화학 회사인 바스프(BASF)는 합성 석유회사 파르벤(I. G. Farben)을 창설하여 1927년에 공장을 가동하였다.

국가 동력화 계획과 군사적 재무장 그리고 합성 석유 제조 기술은 절묘하게 결합하였다. 1932년 나치가 득세할 무렵, 대공황으로 경영이 어려워진 파르벤은 히틀러에게 합성 석유에 대한 지원을 요청하였고, 히틀러는 파르벤이 생산한 항공기 연료를 독일 공군의 연료로 선정하였다.

파르벤은 1940년 독일 전역에 14개 합성 석유 공장을 운영하였으며, 6개 공장을 추가로 건설할 계획이었다.

미공군 폭격으로 폐허가 된 독일 막데부르크(Magdeburg) 합성석유공장(출저 미국의회도서관)

파르벤은 1944년 중반 연간 4백만 톤의 생산 능력을 보유하고 독일 석유 수요의 45%, 독일 공군 항공유의 95%를 제공하였다.

파르벤의 합성 석유는 인권, 환경, 경제성 등에서 많은 문제가 있었다. 약 30여만 명이나 되는 유태인들을 파르벤 합성 석유 공장에서 강제로 노동시켰다. 심지어 파르벤은 유태인을 신속하게 공급받기 위해 독일 최대 유태인 학살 수용소인 아우슈비츠(Auschwitz) 인근에도 공장을 지었고, 석탄 화학 기술을 이용하여 유태인 학살용 독가스도 제작하였다.

또한, 당시의 합성 석유 생산 기술은 매우 초보적이어서 유독가스와 공해 물질을 엄청나게 배출하였다. 이로 인해 노동자 건강을 위협한 것은 물론이거니와 공장 주변에는 풀 한 포기 자라지 못할 정도로 환경오염도 심각하였다. 또한, 합성 석유 1톤 생산에는 석탄이 약 7톤 정도 필요하였는데, 이는 원유 가격의 4~5배 정도였다. 나치 정권이 아니었으면 존속하기 어려운 사업이었다.

히틀러에게 석유 확보를 위한 마지막 수단은 전쟁이었다. 독일은 우방국인 루마니아 유전을 확보한 데 이어 북아프리카에서 전쟁을 시작하였다. 1941년 2월 히틀러는 리비아를 식민지로 보유하고 있던 이탈리아를 지원한다는 명분으로 이 지역에 기계화 부대를 파견하였다. 하지만, 실질적인 목표는 중동, 특히 이라크와 이란의 유전을 점령하는 것이었고, 종국에는 소련을 침공한 독일군과 중앙아시아 유전에서 만나는 것이었다.[10]

롬멜이 지휘하는 아프리카 군단(Afrika Korps)은 전쟁 초기에는 영국군을 상대로 연전연승하였다. 하지만, 다음해 7월 이집트 수도 카이로 외곽 엘 알라메인(El Alamein)에서 몽고메리 장군이 지휘하는 영국군의 반격으로 패한 이후에는 제대로 된 반격을 한 차례도 해보지 못하고 후퇴하였다. 아프리카 군단이 영국군에게 밀린 가장 큰 원인은 석유였는데, 전쟁 내내 석유 공급의 어려움을 겪었다.

독일은 프랑스 등 서유럽 국가를 상대로 전격전을 벌여 신속하게 적진을 점령하고, 적이 보유하고 있는 석유를 이용하려는 계획이었다. 하지만, 북아프리카 전장에서는 독일 석유가 지중해를 건너와야 했는데, 독일 수송선들이 연합군에게 공격을 받아 석유가 제대로 보급되지 못하였다. 엘 알라메인 전투 이후 독일군 기계화 부대가 제대로 된 역할을 하지 못한 가장 큰 원인은 바로 연료 부족에 있었다.[11]

북아프리카 전쟁을 시작한 지 4개월 만에 히틀러는 소련의 석유, 특히 중앙아시아의 유전을 장악하기 위한 또다른 전쟁을 시작하였다. 1941년 6월, '바르바로사 작전(Operation Barbarossa)'이라고 불린 독일의 1차 소련 침공은 북부 레닌그라드, 중부 모스크바 그리고 남부 스탈린그라드 세 방향으로 전개되었다. 이 중 남부 방면 독일군은 코카서스(Caucasus) 산맥 북쪽에 위치한 마이코프(Maikop) 유전과 산맥 남쪽의 아제르바이잔 바쿠(Baku) 유전을 점령하는 것이 목표였다.

마이코프 유전은 소련 석유 생산의 10%, 바쿠유전은 80%를 담당했고, 이곳에서 생산된 석유는 브라노벨이 그랬던 것처럼 스탈린그라드에서 볼가강을 따라 모스크바로 수송되고 있었다. 독일은 여기에 병력 300만 명과 전차 및 차량 60만 대, 군마 60만 필을 동원하여 전쟁을 시작했던 것이다.

소련은 독일이 석유 조달에 치명적인 약점이 있다는 사실을 1938년 독소 불가침 조약을 체결하면서 파악했다. 당시 독일은 불가침 조약 체결 대가로 소련에게 석유 공급을 강력하게 요구했지만, 소련은 석유 부족을 핑계로 독일의 요구를 수용하지 않았다. 이때 독일의 석유 사정을 파악했던 소련은 독일군의 석유 소진을 유도하면서 코카서스 유전 약 300km 떨어진 로스코프(Roskov)에서 독일군을 격퇴하는 데 성공했다.

하지만, 히틀러는 물러서지 않고 코카서스 유전 장악을 위해 다음해 4월 2차 공세에 나섰다. 2차 공세에서 독일군은 마이코프 유전을 점령하는 데는 성공했다. 하지만, 소련군은 후퇴하면서 유정에 시멘트를 부어넣어 유전을 복구할 수 없도록 만들어 놓았다. 독일군은 해발 5,000m가 넘는 코카서스 산맥에서 소련군의 저항을 돌파하지 못하였고, 당연히 바쿠유전 장악도 실패했다. 결국, 히틀러는 11월 공군에 바쿠유전 폭격을 명령함으로써 이 지역 유전 장악이 불가능함을 인정하였다.[12]

독일은 중앙아시아 유전을 장악할 것에 대비하여 15,000명의 '석유 기술여단(Technical Oil Brigade)'도 준비했지만, 이들은 제대로 활약해보지도 못했다. 독일의 합성 석유 공장은 1944년 여름부터 시작된 연합군의 집중적인 폭격 대상이 되어 모든 공장들이 평균 두 차례 이상 폭격당했다.

합성 석유 공장들은 폭격을 피할 수 있는 지하나 계곡이 아니라 평지에 건설되어 있어서 연합군 폭격으로 타격이 컸다. 뿐만 아니라, 연합군은 독일의 석유와 관련된 모든 시설, 즉 정유 공장, 철도와 화차 기지, 석유 저장 시설 등을 철저하게 폭격하여 석유 생산부터 수송까지 완전히 마비시켰다.

석유 시설들의 파괴로 석유 공급이 제대로 되지 않은 상태에서 독일이 전쟁에서 이기기는 쉽지 않았다.[13] 석유는 제1차 세계 대전에 이어 2차 대전에서도 독일의 아킬레스건임이 확인되었다.

혼란스러웠던 일본

　일본은 미국에서 석유가 본격 사용되기 시작한 지 얼마 되지 않은 1860년대부터 미국 등유를 수입하여 사용하였다. 그런데, 일본이 석유를 처음 사용한 것은 7세기경이라고 한다. '일본서기'에 따르면, '불타는 물'과 '불타는 흙', 즉 석유와 석탄이 천황에게 진상됐다고 한다.

　1854년 미국에 의해 개항되면서 일본도 유럽처럼 화석 연료를 사용하기 시작했다. 산업 현장에는 석탄이, 가정에서는 등화용으로 석유가 사용된 것이다.

　석유는 미국의 스탠다드 오일과 셸이 공급했다. 스탠다드 오일은 미국 동부에서 생산된 석유를 뉴욕에서 선적하여 일본에 판매하였고, 셸은 1800년대 말부터 요코하마에 '사무엘(Samuel)상회'를 설립하여 중앙아시아산 석유를 공급하였다.

　일본이 석유를 찾으려는 노력은 우리가 생각하는 것보다 훨씬 일찍 시작하였다. 1869년 메이지 정부의 자금을 지원받은 지방 기업들이 미국 지질 기술자들을 초청하여 석유 탐사에 나섰다.

1888년 우리나라 동해안 쪽에 위치한 니가타 현에서 나이토 히사히로라는 사업가가 '니폰 오일(Nippon Oil)'을 설립하였는데, 설립 3년 만에 일본 최초 유전인 '아마세(Amaze)' 유전을 발견하였다. 아마세 유전이 발견된 이후 일본에서도 미국처럼 석유 개발 붐이 불어 1888년 5개에 불과했던 석유회사가 1891년에는 330개로 늘어났다. 이후 도산과 흡수 합병을 통해 1897년에는 58개로 정리되었다.

일본의 석유 발견은 스탠다드 오일과 셸을 자극하였다. 이들 외국회사들은 일본 석유회사들이 생산한 석유가 일본 석유 공급을 장악할 것을 우려하여 일본에 자회사를 설립하여 석유 개발에 뛰어들었다. 그러나 일본에서 발견되는 유전 규모가 크지 않고 이에 따라 석유 생산 비용도 다른 지역보다 너무 높아 외국기업들은 석유 개발 사업을 포기하였다. 사실 일본은 화산 지대이기 때문에 대형 유전이 존재할 가능성이 낮은 것으로 보았다.[14]

1930년대 일본 니이가타시 인근 니이츠(新津)유전 모습(출처 니이가타시 홈페이지)

하지만, 이들 외국 석유회사들이 보여준 막대한 자금력과 기술력은 일본 정치인들을 각성시켰다. 외국 석유 기업의 역량을 목격한 '겐로(元老)' 정치인들은 외국 기업들이 일본 석유 산업을 지배할 것을 걱정했고, 일본 최대 석유 기업인 니폰 오일과 호덴 석유(Hoden Oil)에 합병을 권고하기도 했다.

이들 기업은 합병하지도 못했고, 일본 석유 기업들은 규모와 기술 그리고 자금 면에서 영세성을 면치 못하였으며, 오히려 협력보다는 경쟁에 치중하였다.

일본 역시 영국처럼 해군이 석유에 큰 관심을 갖고 있었다. 일본 해군도 세계적인 함정 연료 전환 대세에 편승하여 1차 세계 대전 직후인 1919년부터 영국의 도움으로 연료 전환에 들어갔다. 영국식으로 설계된 보일러를 함정에 장착하고 셸과 연간 100만 배럴의 연료유 공급 계약을 체결했다.

그런데, 연료유 소비가 늘어나고 있던 해군은 외국 석유회사에 석유 공급을 의존하는 것을 심각하게 받아들였다. 해군은 영국처럼 자체 정유 공장을 갖는 방안을 검토하였는데, 일본 석유회사들은 해군이나 정부가 국내 석유 시장에 진입하는 것을 우려하여 강력하게 반발하였다. 민간 석유회사의 반발에 봉착한 일본 해군은 함정용 연료유를 제외한 모든 석유 제품을 민간 석유회사에 매각하기로 약속했지만, 민간 석유회사들은 수용하지 않았다.

주요 유럽 국가와는 달리, 민간의 반대에 봉착한 일본은 정부

차원에서 석유 정책이나 계획을 준비하지 않았고 그저 해군에만 맡겨 놓고 있었다. 일본은 메이지 유신 이후 강력한 정책들에 의해 근대 국가로 탄생한 것으로 이해하고 있지만, 석유 정책에 관한 한 유럽 국가들에 비해 무정부 상태나 다름없었다.[15]

일본 민간 석유회사들이 해군의 계획에 반발한 것은 당시 세계 원유 생산 동향과도 밀접한 관련이 있었다. 일본은 홋카이도와 사할린 남부에서 석유를 생산하고 있었는데, 일본 정부는 석유 생산 기업에 보조금을 지급하고, 고율의 석유 수입 관세를 매겨 이들을 보호하고 있었다. 하지만, 이들 유전은 일본의 지질적인 한계와 일본 기업의 낙후한 기술 때문에 1915년 연간 3백만 배럴을 정점으로 더 이상 생산이 늘지 않았다.

반면, 1920년대 미국 텍사스와 멕시코 등지에서 세계적인 대형 유전들이 발견되고 세계 경기 침체로 석유 수요가 줄어들면서 세계 석유 시장은 공급 과잉에 빠졌다. 이로 인해 스탠다드 오일과 셸은 일본 시장에서 가격 전쟁을 벌이고 있었다. 이런 상황에서 일본 해군이 정유 공장을 건설하면 일본 석유 시장의 경쟁은 더 격화되고 민간 석유회사의 경영은 악화할 것으로 예상하였다.

영국과 달리 일본에서는 민간 석유회사의 반발로 민간과 해군의 협력은 결국 실현되지 못했다.

1931년 일본 관동군이 일으킨 만주 사변을 계기로 석유는 군국주의 정부의 핵심 관리 대상이 되었다. 일본 군부는 제1차 세계 대전이 독일의 의도와는 달리 전격전이 아닌 소모전으로 전개된 사실에 불안감을 느꼈다.

즉, 유럽에 비해 국력이 크지 않았던 일본은 청일 전쟁, 러일 전쟁 등 모든 전쟁을 단기 기습전으로 승리했지만, 일본 국력으로는 제1차 세계 대전과 같은 장기전을 치르는 것은 어렵다고 판단했다. 따라서 일본 군부는 향후 전쟁이 국가 경제를 총동원하는 총력전이 될 것으로 예상하고, 주요 산업을 전시에 동원할 수 있는 전시 동원 체제로 만들 필요성을 느꼈다.

일본 정부는 만주사변 발발 한 달 전에 석유, 자동차, 알루미늄 등 3대 군수품 생산에 대한 정부 통제를 확대할 수 있는 '주요 산업 관리법'을 제정하여 집중 관리에 들어갔다.[16)]

석유는 해군이 주도했는데, 프랑스 석유 정책을 참고하여 정부 주도의 정책을 제시했다. 정부가 석유 수입, 생산, 판매 등 모든 분야의 허가권을 보유하고, 해외 석유 개발을 위한 공동사업단을 구성하여 정부가 이 사업단에 보조금을 지급하며, 유사시를 대비하여 모든 석유 수입 회사에 석유 비축 의무를 부과한다는 것이다. 니폰오일과 같은 일본 대형 석유 기업들은 이를 국유화에 의한 자산 및 경영권 상실로 보고 반대했지만, 일본 군부는 원활한 석유 공급을 위해서는 석유 산업이 대기업 중심으로 운영되어야 한다고 주장하였다.

군부의 요구를 무시할 수 없었던 일본은 1930년대 중반 80여

개에 달하던 석유회사가 제2차 세계 대전이 끝날 무렵에는 8개 정유회사와 1개의 석유 개발 회사로 통합되었다.

일본 군부의 의향이 반영된 구조 조정은 효과가 있는 것처럼 보였다. 일본 석유회사가 생산한 휘발유가 1931년 국내 소비의 35%에서 1937년에는 57%로 증대되었다. 하지만, 근본적인 문제인 원유는 여전히 미국이 80%를 공급해줬다. 일본도 이에 대항하기 위해 독일처럼 국내 자원인 석탄을 이용하는 합성 석유 생산에 매달렸다.

일본은 러일 전쟁으로 확보한 남만주에서 대규모 석탄 매장지를 발견하였고, 일본 본토의 석탄으로도 합성 석유를 생산할 수 있는 여건은 되었다. 하지만, 일본의 기술 수준은 독일에 훨씬 못 미쳤는데, 1937년 독일과 반공동맹 조약을 체결하면서 독일로부터 기술을 지원받았다. 이후 합성 석유 공장은 만주에 두 곳, 일본 본토에 세 곳 건설되었지만 실제 생산한 합성 석유는 일본 석유 소비의 7% 정도에 불과하였다.

일본 국내 유전의 생산이 정체된 상태에서 해외에서 추진한 석유 개발도 성과가 없었다. 일본은 먼저 만주에서 석유 개발을 시도하였다. 그런데, 만주는 정치적 혼란으로 석유 개발에 관한 중국 정부의 관할권이 불분명하였다. 장개석 정부도, 화북 군벌 장작림 정부도 만주에 대한 법적 권한 보유 여부가 불분명하여, 일본은 어떤 중국 정부로부터도 석유 개발권을 얻어내지 못하였다.

하지만, 일본은 만주사변 후 괴뢰 정부 만주국으로부터 허가권을 받아냄으로써 법적 문제를 해결하고, 여섯 곳의 석유 탐사권을 확보하였다. 관동군 감독 하에 진행된 석유 탐사는 2차 대전이 끝날 때까지 성공하지 못했다. 또한, 일본은 독일의 외교적 지원을 통해 1935년에 멕시코에서 광구를 확보하기도 했고, 1936년에는 사우디아라비아와도 광구 확보를 위한 외교 협상을 벌이기도 했지만, 모두 실패하였다.[17]

일본의 석유 소비는 확실히 증가했다. 자동차 보급 확대가 가장 큰 원인이었다. 일본은 자동차를 미국, 영국으로부터 주로 수입하거나 닛산 등 소규모 일본 공장들이 생산하여 보급하였다. 하지만, 일본은 군용 자동차 생산을 위해 미국 GM과 포드(Ford)의 조립 공장을 유치하였다. 일본의 자동차 보급은 국민소득이 낮아 미국이나 유럽에 비해 부진했다.

1938년 미국의 1인당 국민소득이 649달러, 독일 590달러, 영국 579달러였던 데 비해, 일본은 본토 기준으로 104달러에 불과했다. 이런 소득 수준에서 자동차 생산은 1931년 400여 대에서 1937년 14,000여 대로 급증하였고, 자동차 수입도 3만대 수준을 유지하였다. 당시 일본 경제로서는 석유 소비 확대는 확실히 부담이었다. 더욱이 1937년 중국 침략 전쟁은 석유 사정을 더 악화시켰다.

일본은 전시 동원 체제를 가동하여 석유 소비를 통제하고 있었다. 전쟁으로 인한 석유 수요 증대로 민간에 대한 석유 공급을 대폭 줄였는데, 민간 자동차의 석유 공급도 60% 감축되었다. 특히 일본인에게 중요 식품인 생선을 잡는 수산업계도 석유 공급이 대폭 줄어들어 어선에 다시 돛을 설치하는 일들이 벌어졌다.

일본의 중국 침략을 저지하기 위해 미국과 영국이 일본에 석유 금수를 가하면서 일본의 석유 사정은 더 악화되었다. 당시 일본은 석유 소비의 60~80%를 미국에, 나머지는 인도네시아에서 셸이 생산한 석유에 의존하고 있었다.

미국이 공급한 석유의 경우, 스탠다드 오일의 후신인 '소칼(Socal)'이 캘리포니아에서 생산된 석유를, 소칼과 '텍사스 석유회사(Texaco)'의 합작 회사인 '칼텍스(CalTex)'가 인도네시아에서 생산한 원유를 정제하여 일본에 공급하였다. 미국은 일본 석유 공급에 절대적인 영향력을 보유하고 있었다.

일본의 중국 침략, 특히 상해 점령으로 중국에서의 영국 이익이 침해되면서, 영국은 미국에게 일본에 대한 석유 금수를 제안하였다. 일본이 중국 각지를 폭격했던 항공기의 연료를 미국에 전적으로 의존하고 있어서 영국으로서는 미국의 역할이 중요할 수밖에 없었다.

영국의 제재 요청 외에도 일본은 중국 침략 초반부터 미국의 의심을 살 만한 사건들을 일으켰다. 1937년 12월, 일본군 전투기가 중국에 주둔 중이던 미국 군함 '파나이(Panay)호'와 유조선을 폭격하는 사건이 발생했다.

당시 거의 모든 서구 국가들은 자국의 이익을 지키기 위해 중국에 군대를 파견했는데, 미국은 양쯔 강에서 활동하던 미국 상선을 보호하기 위해 포함(gunboat)을 파견해 놓고 있었다. 그 무렵 파나이호는 일본 공격으로부터 대피하던 미국인을 철수시키고 있었는데, 일본군 항공기가 파나이호와 그 인근에 있던 스탠다드 오일 소속 유조선 3척을 공격하였다.

일본은 이 사건이 우발적 사고라면서 미국에게 사과했지만, 미국 내에서는 일본군이 노구교사건처럼 미국과의 전쟁을 일으키기 위한 구실을 만들기 위해 의도적으로 공격한 것으로 보기도 하였다. 이 사건을 계기로 미국에서는 일본에 대한 제재 여론이 나오기 시작했다.[18]

일본도 중국 침략 직후부터 미국의 석유 제재 가능성을 우려했던 것이 사실이다. 함정 연료유 공급이 중요했던 해군이 가장 크게 걱정하였고, 공군을 운영하고 있던 육군도 항공기 연료인 고급 휘발유를 미국에 절대적으로 의존하고 있어서 역시 우려하였다.

그런데, 파나이 사건에 이어, 중국에 파견된 미국 선교 단체 의사들이 1938년에 발발한 난징 학살을 목격하고서는, 일본에 수출한 미국산 고철이 일본군의 탄환과 포탄이 되어 중국인들을 학살하고 있다면서 군사용 물자의 수출 중단을 요구하였다.

이에 미국 정부는 일본군의 잔학 행위에 대해 '도덕적 제재'라는 이름으로 일본에 석유를 수출하는 회사들과 협의 채널을 가동하기 시작했다. 일본의 우려가 현실화되어 가고 있었던 것이다.

국내외 압력에 직면한 미국 정부는 1938년 주요 물자의 일본 수출에 통제를 가했다. 석유의 경우, 미국은 공식적으로 통제하지 않았지만, 미국 국무부는 석유 및 항공유 제작 원료를 일본에 공급하던 미국 기업들과 협의하여 통제하였다.

특히, 일본은 군용 항공기용 고급 휘발유를 국내에서 생산하기 위해 미국 석유 기업으로부터 각종 시설, 장비, 기술 및 원료를 도입하려고 전력투구하고 있었다. 일본 정부 대표와 미쓰비시 그룹 관계자들이 미국 오클라호마 소재 석유회사 필립스(Phillips)를 방문하여 수입 상담을 마치고 계약까지 체결했으나, 국무부가 반대하여 끝내 계약은 이행되지 못 했다.

미국과의 석유 갈등을 해결하지 못한 일본은 독일이 프랑스를 침공하는 것을 기화로 동남아 침략을 통해 석유를 해결하려고 하였다. 일본은 제1차 세계 대전 와중에 독일에 선전포고하여 독일이 갖고 있던 아시아 및 태평양 지역 식민지를 차지했던 경험이 있다. 이 경험을 기억한 일본은 유럽이 다시 대전에 휘말리게 되자 천연자원 보고인 동남아시아를 차지하기 위해 침략에 나서게 되었다.

일본은 동남아 침공 직전을 정당화하기 위해 '대동아 공영권'을 들고 나왔다. 독일의 '생존권역'으로부터 영향을 받아 만들어진 대동아 공영권은 유럽 식민지 국가들을 아시아에서 몰아내고, 일본이 이들을 대체하여 독점 경제권을 만들겠다는 것이 핵심이었다.[19] 1940년 8월 일본 외무대신이 직접 발표한 대동아 공영권은 일본이 아시아 지역 패권 국가로 등장하겠다는 선언이었다.

일본은 그해 9월 프랑스 식민지였던 베트남부터 점령하였다. 프랑스가 독일 침공으로 항복할 무렵인 6월, 일본은 중국에 대한 미국과 영국의 보급 차단을 이유로 베트남 주재 프랑스 총독에게 일본군 주둔을 요구하였다. 나치의 괴뢰 정부였던 본국의 비시(Vichy) 정권은 현지 총독과 일본군 사령관이 적절히 협의하여 해결하라고 지시하여 일본군의 침략을 묵인하였고, 이에 따라 일본군 주둔을 허용하였다.

한편, 미국과 영국은 일본의 베트남 점령은 석유와 천연고무 등 자원이 풍부한 동남아시아를 침략하기 위한 중간 거점을 마련하기 위한 것으로 보았다. 특히 일본이 항공기를 베트남에 주둔한 이후에는 미국과 영국은 동남아가 일본 항공기의 폭격 가능권에 들어갈 것으로 예상하고 본격적인 전쟁을 대비하기 시작했다. 이제 석유는 일본과 연합국 간의 치열한 전쟁의 대상이 되어 가고 있었다.

일본은 베트남 점령과 거의 동시에 네덜란드 식민지 인도네시아 유전을 점령할 준비를 하였다. 네덜란드 본국 역시 독일군에게 점령당하면서 국왕과 정부가 영국으로 망명하였다. 1940년 9

월 일본 대표단이 인도네시아 주재 네덜란드 총독을 방문하여 석유 공급을 요구하였다. 당초 일본 방문단은 네덜란드 총독이 일본의 요구를 수용하지 않을 경우 최후통첩하기 위해 군함과 상륙 부대를 대동할 예정이었지만, 미국의 보복을 우려한 해군의 반대로 미쓰이 그룹의 석유 전문가만 대동하였다.

회담에서 일본은 항공유 생산이 가능한 원유, 항공유 350만 톤 그리고 유전을 요구하였다. 이에 런던의 망명 정부와 협의한 네덜란드 총독은 150만 톤만 공급을 약속하고 호주로 망명해버렸다. 일본군의 침략을 예상했던 것이다.

일본이 베트남을 점령함에 따라 미국은 일본으로의 석유 수출을 중단하였다. 미국은 중국 침략과 국제 연맹(League of Nations) 탈퇴, 런던 해군 군축 회의 거부, 독일 및 이태리와의 삼국반공 동맹체결 등 일본이 추진하고 있던 일련의 사건을 심각하게 보면서, 일본 제재를 진지하게 고려할 수밖에 없었다.

특히, 미국은 일본이 동남아의 석유와 고무 등 천연자원 생산지를 확보하게 되면 일본의 세력 확대가 걷잡을 수 없을 것으로 예상했다. 결국, 미국은 1941년 8월 일본에 대한 석유 금수 조치를 단행하였다.

일본은 미국의 금수 조치를 당하기 전부터 인도네시아 유전 점령을 위한 계획은 매우 구체적이었다. 일본은 기존 보조금 지급 정책에서 탈피하여 국내 석유 기업들을 모두 합병하여 새로운 석유 개발 기업을 설립하였다. 일본 정부가 50% 출자하고, 민간이 주주로 참여하는 석유회사를 세우려고 했으나, 민간 기업들은 위험 부담이 큰 정부 국책 사업을 수행할 수 없다며 소극적인 반응을 보였다.

이에 기시 노부스케 상공대신은 니폰오일에 지분 2/3를 허용하고 실질적인 경영권도 넘김으로써 유럽 국가들이 만들었던 국영 석유회사를 성사시켰다. 일본의 진주만 기습 3개월 전인 1941년 9월 대동아 공영권을 전위에서 실행한 '제국석유(帝國石油)'라는 석유회사가 탄생하였다.

일본은 태평양 전쟁을 시작하기 전 미국과 외교 협상을 벌였다. 석유금수 조치 이후 일본과 미국은 석유 수출 재개를 두고 협상을 벌였지만, 양측의 요구 조건은 타협할 수 없었다. 미국은 일본에게 중국과 동남아에서 완전히 철수할 것을 요구한 반면, 일본은 이를 거부하면서 중국 남부를 장악하고 있는 장개석 정부와 화북에 일본이 세운 괴뢰 정부가 통합하여 중국을 안정시키고 친일 정부를 수립할 것을 조건으로 내세웠다. 그리고 대동아 공영권을 인정해 줄 것도 요구하였다.

일본의 이런 요구 조건은 아시아에서의 외부 세력 축출과 일본 패권 인정을 의미하는 것으로서, 모든 국가에게 동등한 기회 보장이라는 문호 개방 정책을 주장해 온 미국으로서는 받아들일 수 없었다.

일본은 미국과의 외교 협상을 진행하면서도 전쟁을 준비하였다. 일본 해군은 비축해 둔 연료가 2년 치에 불과하다면서, 비축유가 고갈되기 전에 군사 작전을 시작하든가 아니면 미국 요구에 굴복할 지를 선택하라고 일본 정부를 압박했다.

일본 군부는 히로히토 천황에게 전쟁 승인을 받는 자리에서 3개월이면 '남방전쟁'을 승리할 수 있다고 보고하였다. 사실, 일본 군부는 천황으로부터 중일전쟁을 승인받을 때에도 1개월 안에 전쟁을 끝내겠다고 보고한 적이 있었지만, 중일 전쟁은 4년째 치르고 있었다.

미국의 석유 금수로 시작된 전쟁 전 협상은 성과 없이 끝났고, 일본은 1941년 12월 말레이시아 주둔 영국군과 미국의 하와이 진주만 주둔 해군을 공습함으로써 태평양 전쟁이 시작되었다. 이 전쟁은 3개월이 아니라 3년 반 이상 계속되었다.

인도네시아 석유 현장은 태평양 전쟁 시작 전부터 일본군 침략에 대비하고 있었다. 이 지역에서 유전과 정유 공장을 보유하고 있던 셸과 미국의 칼텍스(Caltex)는 전쟁 발발 일년 전부터 각종 시설 파괴와 철수 계획을 세우

인도네시아 유전을 점령한 일본군 (출처 밥 해킷트)

고 예행연습을 마쳤으며, 석유 선적 항구에는 기뢰까지 부설됐다. 일본의 침략이 시작된 후, 일본군이 유전으로 접근하고 있다는 소식을 접한 셸 직원들은 유정 안에 설치된 강철관을 끄집어내 잘게 잘라 유정에 다시 집어넣고는 유정 입구를 다이너마이트로 폭파시켜 유전을 불능화했다. 정유 공장에서는 일본군의 항복 요구를 받은 네덜란드 군이 정유 공장과 부대시설을 파괴하였다. 정유 공장은 강철관들이 과열로 무너져 내릴 때까지 가동하였고, 석유 탱크 밸브를 열어 석유 재고를 버렸으며, 석유 선적 항구는 폭파시켜버렸다.

일본군은 침공 3개월 만에 인도네시아를 장악하고 제국석유를 투입하여 석유 시설을 복구하였다. 제국석유는 일본 석유 산업 종사자의 70%인 4,500여명의 인력을 인도네시아에 파견하였다. 이들은 수마트라 섬에서 칼텍스가 남겨놓은 시추 장비를 이용하여 초대형 유전 '미나스(Minas)'를 발견하는 성과도 냈다. 일본은 동남아 유전 침공 2년 만에 파괴된 유전의 75% 이상을 복구하였고, 생산량도 침략 전 수준으로 회복시키는 데 성공하였다.

일본 육군의 한 고위 장교의 말처럼, 일본의 석유 불안은 해소되었고 일본 제국이 영원히 존재할 수 있는 기반을 확보한 것처럼 보였다. 그리고 1943년 수상 도조 히데키도 인도네시아 점령과 유전 복구에 고무되어 일본은 석유 문제를 해결했다는 선언까지 했다.

그러나 일본에게 자신감을 가져다 준 유전과 석유 시설 복구가 곧 일본의 안정적인 석유 공급을 보장해 주는 것은 아니었다. 복병은 해상 수송에 있었다. 태평양 전쟁이 발발하면서, 해전을 책임진 미국 태평양 함대 사령관 체스터 니미츠(Chester Nimitz) 제독은 이 전쟁을 석유 전쟁으로 규정하고 미군의 보급선을 보호하는 동시에 일본의 석유 수송 경로를 철저히 파괴하는 것을 기본 전략으로 삼았다. 이에 미군은 잠수함을 이용하여 일본 유조선과 상선을 집중적으로 공격했는데, 이는 일본의 허를 찌르는 전략이었다.[20]

　　일본군은 미군이 물질적으로 풍요롭고 정신적으로 나약하여 잠수함과 같은 열악한 생활환경에서 근무할 수 없고, 따라서 잠수함을 운영하지 않을 것으로 예상하고 대비하지 않았다. 하지만, 미군은 일본군 암호를 해독하고 있어서 일본 선박이 항구 밖으로 나오면 잠수함으로 격침시켰다. 더욱이 일본은 미국의 제재로 철을 수입하지 못해 유조선 생산이 격침되는 유조선 숫자를 따라 잡지 못했다. 전쟁 중 일본 전체 상선의 95%가 침몰되거나 파괴되었고 결국 석유 수송은 거의 중단되었다.

　　도조의 석유 승리 선언은 오래 가지 못했다. 이 선언이 나온 지 1년만인 1944년 6월부터 일본군은 석유 부족을 겪기 시작했다. 실례로 그해 10월 필리핀 레이테만(Leyte Gulf)에서 벌어진 해전에서 일본군은 미군 함정에 곧바로 돌격하는 작전을 구사하다가 처절하게 패배하였다. 일본군은 무모함을 알면서도 연료가 부족하여 우회 공격이 아니라 정면 돌격을 할 수밖에 없었다.

이후 일본은 돌아오는 연료를 보급하지 않는 가미카제 항공 특공대를 운영하기 시작했고, 항공기 조종사들도 연료 부족으로 제대로 훈련할 수 없었다. 또한, 석탄을 연료로 사용하는 군함이 다시 등장하기도 하였고, 심지어 많은 군함들이 연료유보다 열량이 높은 원유를 직접 때야 하는 상황이었다.

패색이 짙어지면서 일본에서는 석유 확보를 위한 기상천외한 일들이 벌어졌다. 전쟁 말기에 유조선이 모두 격침되고 함정들이 무력화되면서 석유를 잠수함으로 수송하는 웃지 못 할 일이 벌어졌고, 항공기 연료를 만들기 위해 전국적으로 솔방울과 소나무 뿌리를 채집하기도 했다. 이 소나무 연료가 실제 항공기에 사용되었는지 여부는 알 수 없지만, 연료 사정이 심각했던 것은 분명했다. 그리고 목탄차와 증기선도 다시 등장하여, 일본은 석유 이전의 시대로 되돌아간 모습이었다.

일본은 절박한 나머지 소련에 석유 공급을 요청하기도 했다. 일본은 1945년 4월 남방 물자 제공을 조건으로 소련에게 석유 공급을 요청했지만, 스탈린은 독일에게 했듯이 석유 부족을 이유로 거절하였다. 일본과 불가침 조약을 맺고 있던 소련은 그해 2월 얄타 회담에서 유럽전쟁 종전 90일 이내에 일본과 전쟁을 시작하기로 루스벨트와 처칠에게 이미 약속해 놓은 상태였다. 일본은 이 사실을 모르고 적대국 소련에게 석유 공급을 요청했던 것이다.

독일과 일본은 석유를 확보하기 위해 전쟁이라는 가장 극단적인 방법을 동원했지만, 결국 목적을 달성하지 못하고 전범 국가가 되었다. 그런데, 독일과 일본이 석유를 확보하기 위해 침략했던 지역에서는 나중에 엄청난 규모의 유전들이 발견되었다. 이태리 식민지였고 독일의 북아프리카 전장이었던 리비아에서는 젤텐(Zelten) 유전이 1956년 발견되었다. 지중해 해안으로부터 150km 떨어진 내륙에서 발견된 이 유전은 리비아가 세계적 산유국으로 부상하는 신호탄이었다.

그리고 만주에서는 1959년 헤이룽장 성에서 대경(大慶) 유전이, 1961년 산둥 반도에서는 승리(勝利) 유전이 발견되었다. 이들 유전에서 생산된 원유는 1980년대 일본으로 많이 수출되어 중국의 개혁 개방 정책에 필요한 재원으로 기여하였다. 이들 유전들이 독일과 일본에 의해 발견되었다면 세계 역사는 지금 우리가 알고 있는 것과는 완전히 달라졌을 것이다.

주력 에너지원이 되다

　제2차 세계 대전이 끝나면서 석유는 주력 에너지원으로 자리잡았다. 석유가 부상할 수 있었던 데에는 기존 에너지왕 석탄보다 여러 가지 비교우위가 있기도 했지만, 사회 정치적 요인도 크게 작용하였다. 유럽에서는 전쟁이 끝난 후 주력 에너지였던 석탄의 공급 불안이 빈발함으로써 석유에 유리한 환경이 조성되었다. 영국에서는 종전 후 노동당 정권이 들어서면서 광산 노동자들의 파업이 지속적으로 계속되었다. 이로 인해 석탄 공급이 수시로 중단되는 등 에너지 공급 위기가 큰 문제였다.

　또한, 석탄 사용에 의한 대기 오염 현상인 스모그(smog)로 1945년 겨울에 많은 사람들이 목숨을 잃기도 하여 석탄은 더욱더 신뢰하기 어려운 에너지원이 되어가고 있었다.[21] 전쟁으로 폐허가 된 경제를 복구해야 하는 유럽 국가들로서는 안정적인 에너지 공급이 절실했는데, 석탄에 그 역할을 기대하기 어렵게 된 것이다. 석유가 이 빈 자리를 메우는 역할을 맡았다.

　종전 후 국제 정치 상황도 석유의 역할이 확대될 수 있는 여건이 되어 주었다. 제2차 대전이 종전되면서 미국과 소련은 냉전의 시대로 들어갔다. 1946년 초부터 그리스에서는 공산 세력이 반란을 일으켜 인민 공화국을 선포하고 내전으로 돌입하였다. 그리스 내전은 소련과 미국의 대리전으로 인식되었고, 1946년에는 소련의 팽창에 대항하여 미국을 중심으로 서방 국가들이 그리스 내전에 적극 개입하고 소련을 봉쇄해야 한다는 주장들이 제기되었다.

그리고 유럽에서 공산 세력의 준동을 막기 위해서는 유럽 경제가 빠르게 복구되어야 하며, 이를 위해 미국의 대규모 경제 원조가 필요한 것으로 인식되었다. 이에 따라 미국은 마셜 계획(Marshall Plan)을 수립하여 유럽 국가들의 전후 복구를 지원하기로 했는데, 여기에 석유 공급이 포함되었다.

130억 달러의 전후 복구 계획이 담긴 마셜 계획에는 석탄 산업 복구에 4억 달러, 석유 수입에 10억 달러가 배정되었다. 특히, 미국은 유럽 국가들이 공산화된 폴란드 석탄에 지나치게 의존하고 있는 현상에 크게 우려하고 있었다. 냉전이 시작되고 있는 상황에서 폴란드가 공산 종주국 소련과 협력하여 석탄 공급을 중단하겠다는 위협을 가할 경우, 이는 엄청난 지렛대로서 유럽 국가들에게는 정치적 부담이 된다는 것이다.

그런데, 서유럽 경제 복구에서 폴란드 석탄을 퇴출시킬 경우, 서유럽 자체 생산 석탄으로는 경제 회복에 필요한 에너지를 충분히 공급할 수 없을 것으로 보았다. 이에 따라 유럽 국가들은 석탄에서 석유로 이행할 것을 결정하였다. 유럽 국가들은 1951년까지 석유 소비가 전쟁 전보다 거의 두 배에 이를 것으로 예상하고, 유럽에 자체 정유 공장을 건설하여 석유 공급을 확대할 수 있는 기반을 만들기로 하였다.

유럽의 석유 수요 증가는 중동에서 발견된 대규모 유전에 의해 충당될 수 있었다. 마셜 계획이 수립될 무렵, 미국이 공급한 석유만으로는 유럽 석유 수요를 충당할 수 없을 것으로 보았다. 그런데, 1940년대부터 중동에서는 초대형 유전들이 잇달아 발견되었다. 이들 유전은 중동에서 영국과 프랑스가 발견한 유전과는 비교도 되지 않을 정도로 컸다. 미국 석유회사들이 1938년 사우디아라비아에서 발견한 초대형 가와르(Ghawar) 유전은 길이가 남북으로 400km, 폭이 15-20km에 이르고, 매장량도 800억 배럴에 달해 지금도 사우디 석유 생산의 절반을 담당하고 있다.

이외에 쿠웨이트, 이라크 등 오늘날 중동 산유국에서는 과거에는 상상할 수 없는 규모의 유전들이 발견되었다. 미국 및 영국계 석유회사들이 주도한 중동 석유 발견은 유럽뿐만 아니라 아시아 국가도 석유를 사용할 수 있는 기반이 되었다.[22]

석유 제품을 생산하는 정유 기술의 개선도 석유로의 에너지 전환에 일조하였다. 제2차 대전 전후 북구를 통해 자동차 보급이 크게 늘어났고, 다양한 석유 제품들이 만들어졌다. 자동차용 휘발유와 경유는 물론이고, 석유로 만든 플라스틱과 화학 섬유가 광범위하게 사용되었으며, 석유를 사용하는 화력 발전소도 크게 늘어났다. 석유 수요 변화에 맞춰 개선된 정제 기술은 1차 정제로 석유 제품을 생산하고 남은 잔사유를 재처리하여 이런 제품의 원료를 더 많이 생산하였다.

정유 공장들이 세계 곳곳에 건설되어 석유 제품의 절대 생산량을 증대시킨 것 못지않게, 2차 정유 기술이 석유가 주력 에너지원으로 전환하는 데 큰 역할을 하였다.

제2차 세계 대전 종전부터 본격적으로 이뤄진 새로운 에너지 전환에서 석유는 국제 정치의 주요 관심사가 되었다. 석유가 서방 자유주의 진영의 주력 에너지를 향해 나아가고 있을 무렵 반대 진영 소련에서도 대형 유전들이 발견되었다.

소련은 독일이 아제르바이잔의 바쿠유전을 점령하기 위해 전쟁을 일으킨 사실을 기억하면서, 소련 국경과 가까운 유전들이 서방의 공격 표적이 될 수도 있다고 우려하였다. 2차 대전이 끝나면서 소련은 바쿠유전을 포기하고 내륙인 서시베리아에서 대형 유전들을 찾기 시작했다. 볼가 우랄(Volga Ural)에서 발견된 초대형 유전들은 소련이 사용하기에도 충분하였고, 동유럽 위성국가들에게도 파이프라인을 통하여 공급하였다.[23]

소련은 이들 유전을 이용하여 동유럽 국가들을 자국 영향권에 묶어 두는 정치적 효과를 거둘 수 있었을 뿐만 아니라, 1960년대부터 수출도 재개하여 달러를 벌어들이는 유효한 수입원으로 활용하였다.

석유를 사용하면서 세계 경제와 일상생활은 큰 변화를 겪었다. 철도에 의존하던 수송에서 자동차가 대세로 자리 잡았으며, 나일론, 플라스틱 등 석유 화학 제품이 일상 생활용품 소재가 되어 생활의 편의성이 크게 향상되었다. 이런 변화 중에서도 농업 분야의 변화는 특히 주목할 만하다.

농업 생산 증가에는 종자 개량, 기계화 및 농업 장비의 개선, 관개 시설 확충 등 수많은 요인들이 있지만, 그 이면에는 석유가 있었다. 석유로 움직이는 트랙터, 콤바인 등이 농업을 기계화하였고, 축력의 먹이를 생산하기 위해 사용되었던 농지들이 식량 생산용으로 전환되었다.

이런 변화는 농업 종사 인구의 감소로 연결되어 이들이 다른 산업으로 투입될 수 있었다. 이런 현상은 농업에만 있었던 것은 아니었으며, 광산, 수산업 등 석유로 작동하는 기계를 사용하는 모든 산업에서는 보편적으로 일어나는 변화였다.

석유는 제 2차 세계 대전이 끝나고 전후 복구과정에서 주력 에너지원으로 자리를 잡았지만, 석유를 늘 괴롭히는 결정적인 단점이 있었다. 그것은 석유의 매장량이 유한하고 고갈될 가능성이 있다는 것이다.

사실 이 단점은 석유가 처음 개발되기 시작할 무렵부터 얘기되었는데, 1970년대 초반 미국의 석유 생산이 정점(peak)을 지난 후 계속 줄어드는 추세를 보이면서 더욱 신빙성을 얻어가고 있었다. 특히, 2000년대 들어 세계 석유 생산도 미국과 비슷한 추세를 따를 것이라는 주장들이 등장하였다. 이 주장에 따르면, 세계 석유 생산은 빠르면 2010년, 늦어도 2020년에 정점을 맞게 되어 값싼 석유의 시대는 끝나고 세계 경제는 석유 부족과 고유가에 만성적으로 시달린다는 것이다.[24]

이런 비관적인 주장은 2010년 미국의 셰일 혁명에 의해 종식되었다. 2007년 미국 댈러스의 한 작은 석유회사가 석유 매장 층에 고압의 물을 집어넣어 지층을 균열시키는 방법을 개발했다. 수압 파쇄 공법(hydraulic fracturing)이라고 불린 이 기술은 셰일과 같은 딱딱한 퇴적암에 묻혀 있던 석유가 지층 균열을 통해 생산될 수 있게 하여 그 동안 생산하지 못하고 버려졌던 셰일 지층의 석유와 천연가스를 생산할 수 있게 하였다.[25]

이 기술은 기존 유전에도 적용되어 석유생산을 크게 늘리는데 이용되었다. 이후 미국의 석유와 천연가스 생산은 기대 이상으로 증가하여, 미국은 2014년에 세계 최대 산유국이 되었다.

셰일 혁명은 석유와 천연가스 생산과 같은 지하 지층에만 변화를 갖고 온 것이 아니었다. 배럴당 100달러는 당연하고 150달러까지 갔던 국제 유가는 2014년 중반부터 폭락하였다. 놀라운 것은 미국의 원유 및 천연가스 생산이 급속하게 증가하여 다시 석유 수출국이 되었다는 점이다. 셰일 혁명은 국제 유가를 떨어뜨리는 것만으로 끝나지 않고, 새로운 국제 에너지 질서를 만들었다. 이 혁명은 미국이 중동 등 많은 산유국들의 정치적 압박으로부터 벗어나게 하였고, 이 결과 오바마 행정부 시절에는 '아시아로의 회귀(pivot to Asia)' 정책을 통해 중국을 견제할 수 있게 해주었다.[26]

더 나아가 트럼프가 '미국 우선주의(America First)'를 외칠 수 있게도 해 주었다. 그리고, 2022년 2월 러시아가 우크라이나를 침공하면서, 러시아 천연가스에 의존하던 서유럽 국가들이 가스 가격 폭등 등 수습하기 힘들어 보이던 혼란에 빠졌을 때에도, 미국의 셰일 가스가 이들 국가의 에너지 부족을 안정시키는 데 결정적인 역할을 하였다. 21세기 들어 석유 고갈과 이에 따른 공포감을 심어 주었던 석유 자원 정점론은 괴담에 불과하였다.

셰일가스 생산 기술 덕분에 석유는 매장량 고갈이라는 위기를 극복하고 엄청난 국제정치적, 경제적 변화를 갖고 오는데 성공했지만, 기후변화라는 새로운 도전에 직면하면서 또다른 불확실성을 마주하고 있다.

주석

1) Daniel Yeltsin(1992), 앞의 책, pp. 19-28.

2) Andrew Inkpen and Michael H. Moffet(2011), *The Global Oil & Gas Industry*, PennWell, pp. 84-87.

3) Alfred D. Chandler, Jr.(2004), *Scale and Scope: The Dynamics of Industrial Capitalism*, Harvard University Press, pp. 92-104.

4) Marshall A. Lichtman(2017), Alfred Nobel and His Prizes: From Dynamite to DNA, *Rambam Maimonides Medical Journal*, Vol. 8, No. 3, pp. 1-15.

5) Richard Rhodes(2018), 앞의 책, pp. 208-217.

6) 쿠르트 뮈제 저, 김태희, 추금환 역(2007), 자동차의 역사: 시간과 공간을 바꿔놓은 120년의 이동혁명, 뿌리와 이파리, pp. 23-38.

7) Anan Toprani(2012), *Oil and Grand Strategy: Great Britain and Germany, 1918-1941*, Ph. d Dissertation, Georgetown University.

8) Gregory P. Nowell(1994), *Mercantile States and the World Oil Cartel, 1900-1939*, Cornell University Press, pp. 225-227.

9) A. 히틀러 지음, 이명성 옮김(2006), 나의 투쟁, 홍신문화사, pp. 416-432.

10) Joel Hayward(1995), Hitler's Quest for Oil: the Impact of Economic Considerations on Military Strategy, 1941-1942, *The Journal of Strategic Study*, Vol. 18, No 4, pp. 94-135.

11) 마우리체 필립 레미 저, 박원영 역(2003), 롬멜, 생각의 나무, pp. 71-222.

12) Joel Hayward(2000), Too little, too late: An analysis of Hitler's failure in August 1942 to damage Soviet oil production, *Journal of Military History*, Vol. 64, pp. 769-794.

13) Shawn P. Keller, Major, USAF(연도 미상), *Turning Point: A History of German Petroleum in World War II and its Lesson for the Role of Oil in Modern Air Warfare*, Air Command and Staff College, U.S. Air University.

14) Richard J. Samuels(1987), *The Business of the Japanese State: Energy Markets in Comparative and Historical Perspective*, Cornell University Press, p. 175.

15) Michael A. Barnhart(2012), Domestic politics, interservice impasse, and Japan's decisions for war, *History and Neorealism*, ed. by Ernest R. May et al., Cambridge University Press, pp. 185-200.

16) Michael A. Barnhart(1987), *Japan Prepares for Total War*, Cornell University Press, pp. 23-27.

17) Barnhart(1987), 앞의 책, p. 33.

18) Nathaniel Peffer, The Practice of Japanese Imperialism, *Foreign Affairs*, Oct. 1937.

19) Keiichi Takeuchi(2000), Japanese Geopolitics in the 1930s and 1940s, Jason Dittmer and Joanne Sharp, eds. *Geopolitics: An Introductory Reader*, Routledge, pp.67-74.

20) David C. Evans and Mark R. Peattie(1997), *Kaigun: Strategy, Tactics, and Technology in the Imperial Japanese Navy, 1877-1941*, Naval Institute Press, pp. 406-411.

21) Ethan B. Kapstein(1990), *The Insecure Alliance: Energy Crisis and Western Politics since 1944*,

Oxford University Press, pp. 19–45.

22) Smil (2009) 앞의 책, pp. 126–127.

23) Vagit Alekperov(2011), *Oil of Russia: Past, Present and Future*, East View Press, pp. 283–289.

24) Colin Campbell and Jean Laherrère, The End of Cheap Oil, *Scientific American*, March 1998, pp. 78-84.

25) Russell Gold(2014), *The Boom: How Fraking Ignited the American Energy Revolution and Changed the World*, Simon & Schuster, pp. 7–18.

26) Meghan L. O'Sullivan(2017), *Windfall: How the New Energy Abundance Upends Global Politics and Strengthens America's Power*, Simon & Schuster, pp. 59–63.

V. 미래 에너지 이야기

인류 에너지 역사에서 주력 에너지원이 전성기를 누리고 있을 때에도 미래에 사용될 에너지는 어디에선가 늘 꿈틀거리고 있었다. 중세의 경우, 수차와 풍차가 주요 에너지원이었지만, 영국 변방에서는 석탄이 주력 에너지원으로 세계 경제에 진입할 준비를 하고 있었고, 석탄 시대에도 석유가 대기하고 있었다. 에너지원은 바뀔 가능성이 항상 있는 것이다. 이런 관점에서 보면, 현재 사용되고 있는 주요 에너지원이 다른 에너지원으로 대체되는 현상을 뜻하는 '에너지 전환(energy transition)'은 과거에도 있었다. 그리고, 가깝게는 1973년 석유 공급 위기가 발생하면서, 석유 소비국들은 탈석유를 외치며 석유를 대신할 수 있는 '대체 에너지(alternative energy)'를 개발하는데 몰두한 적이 있었다. 즉, 현재 진행되고 있는 에너지 전환 논의는 전혀 놀라운 일이 아니며, 새로운 일도 아니라고 하겠다. 그런데, 21세기에 진행되고 있는 에너지 전환은 과거와는 달리 에너지 공급원이 부족해서가 아니라 지구 환경 변화에 대한 심각한 인식이 그 출발점이다. 지금 세계가 목격하고 경험하고 있는 전 지구적 기상 이변은 지구 온난화와 깊은 연관이 있고, 이를 저지하기 위해서는 이산화탄소 등 지구 온난화를 불러온 물질을 많이 배출하는 화석 에너지를 이제 그만 사용해야 된다는 인식이 형성되어 있다. 오늘날 지구 평균 기온은 산업혁명 이래 배출된 지구 온난화 물질로 인해 산업혁명 이전보다 1.2℃ 상승했으며, 이것이 1.5℃를 넘기면 기상 이변은 걷잡을 수 없다는 것이다. 탈탄소(decarbonization)를 추구하는 금세기 에너지 전환 노력은 석탄을 위시한 석유·천연가스와 같은 화석 연료 사용을 중단하고 대신 이산화탄소를 배출하지 않는 태양광, 풍력과 같은 신재생 에너지로 이행하는 것을 의미하는데, 그 핵심은 전기 사용을 확대하자는 것이다.

오래되었지만 새로워진 태양광 발전

태양광 발전(photovoltaics)은 반도체 성질을 띠는 물질을 이용하여 햇빛을 전기로 만드는 발전 방식이다. 사실 햇빛은 인류에게 가장 오래된 무생물 에너지원이다. 인류는 동식물을 섭취하여 에너지를 충당하는데, 이 동식물은 햇빛에 의해 키워진다.

인간이 동식물 섭취를 통해 태양광 에너지를 간접적으로 소비하는 것과 비슷하게, 태양광 발전은 햇빛을 전기로 전환하여 에너지를 확보하는 방식이다. 태양광 발전은 햇빛이라는 무한한 에너지원을 이용하기에 화석 연료와 같은 고갈의 걱정이 없을 뿐만 아니라, 발전 과정에서 이산화탄소와 기타 공해 물질도 나오지 않아 친환경 재생 에너지로 각광받고 있는 것이다. 태양광 에너지는 어쩌면 가장 오래되었으면서도 가장 최신의 무생물 에너지원이라고 하겠다.

태양광 발전이 가능할 수 있었던 데에는 물리학자 아인슈타인의 이론이 기초가 되었다. 1905년 아인슈타인은 햇빛이 알갱이, 즉 입자이며, 광자(photon)라고 불린 이 입자를 금속에 쪼이면 금속에 갇혀 있던 전자와 충돌하여 전자가 방출된다는 광전(photoelectric) 현상을 제시하였다. 태양광 발전은 바로 이렇게 튀어나온 전자를 모아 전기를 만드는 발전 방식이다.

아인슈타인이 광자 현상을 주장하기 전까지 서구 물리학계는 햇빛이 파동이냐 입자이냐를 두고 논란이 분분하였는데, 입자보다는 파동으로 받아들여지고 있었다. 흥미로운 점은 아인슈타인 하면 흔히들 상대성 원리를 생각하기 마련이다. 하지만, 그가 1922년 노벨 물리학상을 받은 연구는 상대성 원리가 아니라 태양광 발전의 이론적 기초가 된 광전 현상의 발견이었다.

아인슈타인에게 노벨상을 안겨준 광전 현상이 태양광 발전으로 도약하게 한 계기는 실리콘(silicon)이라는 물질의 활용 덕분이었다. 1950년대 미국의 통신회사 벨(Bell)은 빛에 민감하게 반응하는

세계 최초의 태양광 발전기를 탑재한 통신 위성 뱅가드 호(출처 미국 해군연구소).

물질을 찾고 있었는데, 1955년 연구원들이 우연히 실리콘이 그전까지 사용하던 다른 물질보다 훨씬 빛에 민감하다는 사실을 발견했다. 하지만, 실리콘 가격이 워낙 비싸 벨은 6개월간 시험용으로 사용해보고는 상용화하지 않기로 결정했다. 잊혀졌던 실리콘 태양광 발전은 1958년 미국이 최초의 통신 위성 뱅가드(Vanguard) 호를 발사하면서 부활하였다.

이전에 발사된 위성들은 배터리를 싣고 우주로 가서 지상과 통신하였지만, 뱅가드 호에는 배터리와 함께 실리콘 태양광 발전 시설을 탑재하였다. 당시 인공위성에 실린 배터리는 수명이 고작 20일밖에 되지 않았던 데 비해, 뱅가드 호의 태양광 발전 시설은 무려 6년이나 전기를 안정적으로 공급했다.[1] 태양광 발전은 인간이 살고있는 지상이 아니라 우주에서 먼저 빛을 발휘한 것이다.

태양광 발전은 실리콘 가격 때문에 그 용도가 매우 제한적이었다. 사람이 살지 않아 전기가 공급되지 않는 지역, 그중에서도 꼭 필요한 경우에만 사용되었다. 미국에서는 연방산림관리국과 연방토지관리국처럼 관할 지역이 광대하여 전기 공급이 불가한 곳에 근무하는 공무원들에게 전기를 제공하는 방법으로 이용했다.

특별한 용도로 사용되던 태양광 발전이 오늘날과 같은 모습을 갖추게 된 계기는 1970년대에 발발한 1, 2차 석유 공급 위기였다. 유가가 급등하면서 이를 이겨내기 위해 미국 가정집 지붕 위에 태양광 패널이 설치되었고, 1982년에는 미국 캘리포니아주 모하비

사막에 대규모 태양광 발전 단지가 만들어지면서 태양광 발전이 본격적으로 시작되었다.

태양광 발전이 전 세계 에너지 소비에서 차지하는 비중은 아직까지 크지 않다. 전 세계 에너지 소비에서는 2% 정도, 전 세계 발전량 중에서는 5%에 불과하다. 하지만 증가 속도는 매우 빠르다. 지난 10년간 태양광 발전 시설 용량은 10배나 증가했다. 주목할 점은 중국에서의 성장이다. 중국에는 신장 지역과 같은 서부의 광활한 사막이 태양광 발전에 적합한 조건을 갖추고 있는데, 지난 10년간 태양광 발전 용량이 약 60배 늘었다. 전 세계 태양광 발전의 1/3이 중국에서 이뤄지고 있고, 전 세계 태양광 발전 증가의 40%가 중국에서 있었다.

이를 배경으로 미국, 일본 및 유럽이 주도하던 태양광 패널 생산이 중국으로 넘어가면서 전 세계 태양광 패널의 90%를 중국이 공급하고 있다. 그리고 각종 부품까지 포함하면 전 세계 태양광 발전 공급망(supply chain)의 42%를 중국이 담당하고 있다. 이런 이유로 태양광은 중국이 지배하고 있다는 평가까지 나오고 있다.[2]

태양광 발전은 전체 에너지 생산에서 차지하는 비중이 아직 크지 않지만, 재생 에너지로서의 가능성은 높은 것으로 평가되고 있다. 태양광 발전의 장점은 '태양이 사라지지 않는 한' 발전이 가능하므로 고갈의 위험이 없다는 것이다. 지구에 도달하는 햇빛은 현재 인류가 소비하는 에너지의 약 1만 배에 이르며 이를 활용하면

궁극적으로 에너지 공급이 해결된다는 것이다.

또한, 다른 재생 에너지보다 태양광의 에너지 밀도가 높고, 발전 과정에서는 기후 변화와 공해를 일으키는 물질을 전혀 배출하지 않는다고도 주장한다. 각종 화석 연료는 연소 과정에서 발생하는 각종 공해 물질로 건강을 위협하거나 심지어 사망에 이르게 하는 경우도 있지만, 태양광 발전은 전혀 그렇지 않다는 것이다. 또한 태양광 발전은 초기에 투자비용이 많이 들지만 유지비용은 크지 않아 경제성도 뛰어나다고 주장한다.

이런 장점에도 불구하고 태양광 발전에는 개선해야 할 부분도 많다. 태양광 발전은 자연에 의존하기에 자연이 가하는 제약을 극복해야 한다. 구름이나 비로 햇빛이 가려지면 발전이 방해받고, 야간에는 발전이 불가능하여 그래서 발전 가능 시간은 하루 중 몇 시간 되지 않는다. 이를 극복하기 위해 태양의 이동에 따라 태양광 패널의 각도를 조정하려는 시도도 있고, 대용량 전기 저장 장치인 '에너지 저장 시스템(ESS)'이 설치되고 있지만 비용이 만만치 않다.

그리고 대규모 토지가 필요하다는 점도 태양광 발전의 약점이다. 흔히 태양광 발전이라고 하면 가정집 지붕이나 창문에 설치된 태양광 패널을 연상하지만, 현재 논의되는 태양광 발전은 이런 고립된 자가 소비용 발전이 아니라 전국 송배전망(grid)에 연결시킬 수 있을 정도로 발전량이 큰 대규모 단지를 의미한다. 이를 위해

서는 태양광 발전에 적합한 지역의 토지를 대규모로 확보하여야
하는데, 이 과정에서 농토와 숲이 훼손되어 환경을 파괴하는 역설
적 결과를 낳을 수 있다.

수명을 다한 폐시설을 처리하는 것도 개선이 필요한 분야이
다. 태양광 패널과 시설 제조에는 수많은 종류의 중금속과 화학
물질이 사용된다. 태양광 시설 수명은 통상 25~30년 정도로 알려
져 있는데, 2030년경이면 수명이 끝난 발전 시설물이 전세계적으
로 약 40만~60만 톤, 2040년경에는 1,100만~1,500만 톤에 이를
것으로 국제에너지기구(IEA)는 예상하고 있다.

이들 폐기물은 주로 땅에 매립하여 처리하는데, 이 경우 토양
오염이 우려된다. 이들 시설의 재활용(recycling) 얘기도 나오고 있
지만, 매립보다 몇 십 배 더 많은 비용이 들뿐만 아니라, 재활용
된 시설이 어느 정도 발전 효율을 발휘할 지도 미지수이다. IEA도
우려하듯이 태양광 발전은 햇빛을 이용하기에 친환경적이라고 할
수 있지만, 폐기물이 본격적으로 쏟아져 나올 미래에는 환경에 미
칠 부정적인 영향을 해결해야 하는 문제에 직면하게 될 것이다.

발전 효율성을 개선하는 것도 태양광 발전의 중요 과제이다.
태양광 패널에 도달한 햇빛이 전기 에너지로 전환되는 비율을 의
미하는 발전 효율성은 실리콘의 품질 등에 따라 다르지만, 고순도
실리콘을 사용한 시설의 발전 효율성이 25% 정도로 알려져 있다.
이는 태양광 발전 개념이 등장한 1950년대의 5%, 태양광 발전 단

지가 처음 조성된 1980년대의 10%에 비하면 크게 나아진 편이지만, 실제 운영 효율성은 10% 정도이며, 시간이 지나면서 태양광 패널의 성능이 떨어져 효율성은 감소하는 것으로 알려져 있다.[3]

폴리실리콘 등 소재 발전과 운영 효율성이 좋아지면서 발전 효율성도 나아지고 있고, 현재 인공위성에 탑재된 태양광 전지의 효율이 50%인 점을 감안하면 더 개선될 여지는 있어 보인다.[4] 발전 효율성이 극적으로 개설될 때, 태양광이 현재 직면하고 있는 문제점도 상당히 해결될 수 있을 것이다. 즉, 발전 효율성이 개선되면 동일한 토지에서 더 많은 전기 생산이 가능하고 이에 따라 폐기물도 상대적으로 줄어드는 효과를 기대할 수 있을 것이다.

풍력 에너지

풍력 에너지는 11세기 풍차에 그 기원을 두고 있어 전혀 새롭지 않은 에너지원으로 보일 수 있지만, 오늘날 풍력 에너지는 과거 풍차와는 달리 오직 전기 생산만을 목적으로 하고 있다. 세계 최초의 풍력 발전은 풍차가 발달했던 스코틀랜드의 한 물리학자에 의해 시작되었다. 이 물리학자는 1887년 10m 높이의 풍차를 만들어 전기를 생산했는데, 당시 생산된 전기는 오두막집의 실내등을 킬 수 있는 정도였다.

이와 비슷한 시기, 미국 오하이오 주의 한 농장에서는 높이 18m 규모의 풍차를 만들어 발전했는데, 특이한 점은 풍차로 생산된 전기를 농가 지하에 설치한 배터리에 충전하여 사용했다는 것이다. 이후 미국에서는 농촌 전기 보급이 완성된 1950년대까지 3kW 이하 소규모 풍차 발전기가 수십만 대 설치되었다.[5]

오늘날과 같은 대형 풍력 발전 역시 1970년대 석유 공급 위기를 계기로 시작되었다. 1980년 초반부터 미국은 조세 혜택을 부여하여 상업적인 풍력발전을 지원하였지만, 유가가 떨어진 1985

년에 이를 중단하면서 풍력 발전 열기는 식어버렸다. 1990년대에 들어서 전통적인 풍차 보유국인 영국, 스페인, 덴마크 등이 풍력 발전 진흥 정책을 추진하였고, 또한 풍력 발전기의 기술 혁신이 이뤄지면서 풍력 발전이 다시 관심을 끌었다. 특히 독일이 '에너지 전환(Energiwende)'을 강력하게 주장하면서 풍력 발전 기술 개발에 주도적인 역할을 했다.[6]

이들 국가에서는 터빈(turbine)이라고 불린 대형 풍력 발전기가 제작되었고, 대규모 풍력 발전 단지에서 생산된 전기가 전국 송배전망에 공급되는 등 풍력 발전의 효율성이 향상되었다.

신재생 에너지로 각광받고 있는 풍력 발전은 옛날 풍차와는 완전히 다른 개념이다. 현대 풍력 발전기는 중세 시대 기둥형 풍차와 모양이 비슷해 보이지만, 출력과 크기는 비교할 수 없을 정도로 커졌다. 1900년까지 북해 연안에서 운영된 풍차의 출력은 평균 3킬로와트(kW) 정도였고 높이는 25m 정도였다.

이에 비해 1990년 말과 2000년 초반의 풍력 터빈은 1메가와트(MW)를 발전할 수 있고 높이는 100~200m, 날개(blade) 길이는 50m 이상에 이른다.[7] 이런 대형 발전기를 가동하기 위해서는 초속 5.8미터(m/s) 이상의 바람이 있어야 한다.[8]

풍력 발전 용량도 태양광 발전처럼 지난 10년간 크게 증가했다. 세계적인 풍력 발전 투자 확대에 힘입어 2022년 전 세계 용량은 2012년에 비해 4배나 늘어났다. 이런 급속한 증가도 역시 중국이 주도했다. 중국은 지난 10년간 풍력 발전 용량을 6배 가까이 끌어올렸다. 이에 비해 미국은 2배, 유럽은 2.5배 늘어났다.

이 결과, 전 세계 풍력 발전 용량의 40%가 중국에 설치되어 있고, 유럽은 28%, 미국은 18% 수준이다. 풍력 발전 방식이 신재생 에너지 발전의 50%를 차지할 정도로 중요한 친환경 발전 방식이 되면서 전 세계 총 발전에서는 7%, 전 세계 에너지 소비에서는 2% 정도 차지하고 있다.

이러한 빠른 성장에도 불구하고 풍력 발전 역시 태양광 발전 못지않은 자연적 제약을 안고 있다. 풍력 발전의 가장 큰 약점 역시 전기 공급의 간헐성이다. 풍력 발전이 성공할 수 있기 위해서는 바람이 일정 속도 이상, 그리고 지속적으로 불어주어야 하지만 바람이 늘 그런 것만은 아니다.

풍속은 시시각각 변하고, 낮밤으로도 바뀌며, 계절에 따라서도 달라진다. 또한, 바람이 발전기가 수용할 수 없을 정도로 강하게 불면 과부하를 우려하여 발전을 중단해야 하는 경우도 있다. 바람이 불지 않는 것도, 바람이 지나치게 부는 것도 모두 풍력 발전에는 부담이다. 이렇기 때문에 풍력 발전기의 설비 이용률(capacity factor)을 예상하는 것은 매우 어려운 일이며, 당연히 경제성을 따지기도 쉽지 않아 투자를 망설이게 하는 요인이 되고 있다.

이런 풍력 발전의 단점을 보완하기 위해 여러 방안들이 제안되고 있지만, 이에 대한 반론도 만만찮다. 가장 쉽게 생각할 수 있는 방안이 풍력 발전기를 보완할 배터리를 갖추는 것이지만, 몇 달씩 바람이 없는 상태를 대비할 수 있는 축전지를 설치하는 것은 경제성에 의문이 들게한다. 또한, 풍력 발전과 태양광 발전의 보완 관계를 주장하기도 하지만, 이것은 최악의 경우를 대비하지 않은 방안이다.

북유럽의 경우 바람과 햇빛이 동시에 사라지는 '암흑의 무풍 기간(Dunkelflaute)'이 종종 발생한다. 겨울에 이런 현상이 자주 발생하는데, 이때에는 화력 발전에 의존할 수밖에 없다. 2022년 겨울 이 현상을 경험한 영국에서는 탈탄소 이후의 안정적인 전기 공급을 우려하는 목소리가 높아지고 있는 것이 현실이다.[9]

풍력 발전은 상당히 넓은 토지 면적을 필요로 한다. 풍차가 그랬듯이, 풍력 발전기도 바람의 흐름을 유지하기 위해서는 일정한 간격을 두고 설치해야 한다. 높이 100m가 넘는 대형 터빈 발전기의 경우 간격이 수백m에 이르기도 한다. 풍력 발전은 발전기 사이에 있는 공간을 이용할 수도 있어 태양광 발전에 비해 토지 활용도가 그나마 나은 편이지만, 풍력 발전기가 발생하는 소음은 인구가 밀집된 지역에 설치하기 어렵게 하는 요인이다.

풍력발전기 날개와 터빈이 돌아가면서 소음이 만들어지는데, 이 소음은 약 400m 정도 떨어져야 이야기하는 목소리 수준인 40 데시벨 정도로 낮아진다고 한다. 그리고 자연보호단체, 특히 조류 보호단체들은 풍력 발전기에 조류가 충돌하여 조류가 죽는 사고가 자주 발생한다고 주장한다. 조류가 죽는 사례가 얼마나 되는지 정확하게 파악하기는 쉽지 않지만, 가능성이 전혀 없는 일은 아니다.

이러한 갈등을 피하고 적절한 바람을 찾기 위해 풍력 발전은 먼 바다와 산꼭대기로 가고 있다. 마치 수차가 물을 찾아 계곡 상류로 올라갔듯이, 풍력 발전은 대형 터빈을 돌릴 수 있는 풍속을 찾아 먼 바다와 산 정상에 설치되고 있다. 그 중에서도 먼 바다가 더 유력한 대안으로 떠오르고 있다.

덴마크, 영국, 스웨덴, 노르웨이, 네덜란드 등 바람이 강한 북해 해안을 면하고 있으면서 해안 풍력 발전 단지를 운영하고 있는 국가들이 선도적인 역할을 하고 있고, 미국, 일본 등 긴 해안선을 보유한 국가들도 해상 풍력 발전의 가능성을 탐색하고 있다.

이들 국가 중 노르웨이는 부유식 풍력 발전 방식으로 풍력 발전의 한계를 부분적으로 돌파하는 데 성공하였다. 2009년 노르웨

세계 최초의 부유식 해상 풍력 발전 단지 하이윈드(Hywind)(출처 에퀴노르 홈페이지).

이 국영 석유회사 에퀴노르(Equinor)는 해안으로부터 10km 떨어진 수심 100m 해저 바닥에 발전시설을 고정시키지 않고 물 위에 띄우는 방식으로 풍력 발전기를 설치했다. 세계 최초의 부유식 풍력 발전기(floating wind turbine)였다.

노르웨이는 북해 해상에서 석유를 생산하는 산유국이고 에퀴노르가 석유 생산을 주도하고 있는데, 해상 석유 생산 시설에 전기를 공급하는 부유식 풍력 발전을 시작한 것이다. 이 발전 시설은 무게가 5천 톤이나 되는 철제 구조물이지만, 해상 석유 생산 시설에 비하면 소규모에 불과하다. 해상 석유 생산 시설은 이보다 4배 가까이 더 무겁고 석유 생산을 위해 수십 명의 석유 기술자들이 상주해야 하기에 안전관리도 철저하다. 이런 점들을 고려하면 부유식 해상 발전은 그렇게 어려운 기술은 아니다. 해상풍력발전은 해상 유전을 운영하면서 터득한 기술과 경험이 응용된 분야라고 하겠다.

현대판 프로메테우스 신화 원자력

　원자력 에너지는 다른 어떤 에너지보다 그 발전 과정이 명확하다. 이 새로운 에너지원은 기술적으로 복잡하지만, 물리학자들을 중심으로 개발되었기에 발전 방법이 과학적으로 일찍 규명되었다. 원자력 에너지는 원자(atom) 안에 위치한 핵(nucleus)에 들어 있는 에너지를 이용하는 것이다. 원자들을 서로 붙들어 매고 있는 힘이 '핵분열(nuclear fission)'이라고 불리는 원자들의 분리 과정을 통해 열과 방사선의 형태로 에너지를 방출한다. 자연에 존재하는 물질 중 핵분열을 가장 잘 일으키는 물질이 우라늄이다. 그래서 원자력 발전의 원료로 우라늄이 사용된다. 핵분열은 순식간에 일어나고 이렇게 방출된 열은 원자로를 식히는 '냉각제(cooling agent)'를 고온으로 데워 증기를 만들고, 이 증기가 터빈을 돌려 전기를 생산한다. 원자력은 의료 분야 등 여러 용도로 활용되고 있지만, 가장 큰 용도는 전기 생산이다.

　원자력 발전의 핵심인 핵분열(nuclear fission)은 1938년 독일 등 유럽 국가에서 실험을 통하여 증명되었지만, 이를 전기 생산으로 성사시킨 나라는 미국이었다. 세계 최초의 원자력 발전은 1942년 12월 2일 시카고 대학 미식축구 경기장 관중석 아래에 있던 스쿼시 코트에서 있었다.

이태리 독재자 무솔리니의 파시스트 통치를 피해 미국으로 망명한 물리학자

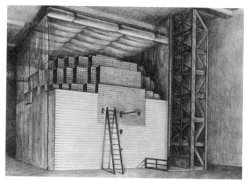
페르미가 실험한 세계 최초의 원자로 시카고 CP-1 (출처 위키피디아).

엔리코 페르미(Enrico Fermi)는 사용하지 않고 있던 이 스쿼시 코트에 천연 우라늄과 흑연을 시루떡처럼 쌓아 올리고 발전을 실험했다. 여기에서 생산된 전기는 200와트로서 백열전구 몇 개를 킬 수 있을 정도밖에 되지 않았지만, 세계 최초의 원자로가 탄생한 것이다.[10] 고대 그리스의 프로메테우스 신화처럼, 이후 인류는 이제까지 보지 못했던 새로운 불을 사용하는 길로 들어서게 되었다.

미국은 제 2차 세계 대전 중 이 원자력 기술을 이용하여 핵폭탄을 만드는 데 전념하였지만, 전쟁이 끝난 후에는 이를 평화적으로 이용하는 방안을 제안하였다. 핵폭탄 개발을 위한 맨해튼 프로젝트(Manhattan Project)가 마지막으로 치닫고 있던 1944년, 페르미를 위시한 다수 과학자들은 종전 후 원자력 이용 방안을 제안하는 비밀 보고서를 작성했다. 이들은 천연 우라늄 매장량 규모가 확실치

않은 점을 지적하면서, 당시까지 발견해 놓은 매장량을 원자탄 제조에 먼저 사용하면, 발전용으로 사용 가능한 양은 줄어들 것으로 전망했다.

하지만, 이 보고서는 우라늄 매장량 확보에 노력할 것, 원자력 발전 기술을 민간 기업에 전수할 것, 그렇지만, 원자력 기술이 매우 위험하므로 미국 정부가 강력하게 통제할 것을 건의하였다.[11]

이 비밀 보고서에서 건의한 민간 원자력 발전 방안이 물꼬를 트는 데는 약 10년이 걸렸다. 미국은 제 2차 대전이 끝나면서 원자력과 관련된 모든 기술과 정보는 정부 소유인 동시에 기밀로 분류하고, 이를 누출하는 자는 사형까지 처할 수 있도록 했다. 또한, 천연 우라늄광 확보를 위해 우라늄광 발견을 신고한 사람에게는 최고 1만 달러의 보상금을 지급하여 우라늄 확보에 전력하였다.

하지만 이런 비밀 유지 노력에도 불구하고 소련이 1949년 8월 원자탄 실험에 성공하면서 미국의 기술 독점이 무너졌다. 또한, 미국 서부에서 다수의 우라늄광 발견에 이어 남아프리카공화국에서도 천연 우라늄광이 발견되면서 우라늄 부족의 우려도 사라졌다.

그리고 미소 간 냉전이 시작되면서 미국은 소련의 핵 공격에 대해 대량의 핵무기로 보복할 것이라고 천명하였으며, 유럽 동맹국과도 핵무기 공유를 합의해 놓은 상태였다. 이런 상황 변화로 미국은 핵의 평화적 이용을 통해 세계 평화에 기여하는 명분을 찾으려고 했다.

1953년 12월 미국 아이젠하워 대통령은 UN총회에서 원자력을 발전, 의료, 농업 등과 같은 평화적 목적으로 이용하겠다고 선언하였다. '평화를 위한 핵(Atom for Peace)'으로 불린 이 제안을 통해 미국은 보유 중인 기술과 핵물질을 타국에게 제공하겠다고 했다.

미국이 민수용 핵 기술 전수를 위한 프로젝트를 구체화하고 있을 때, 1954년 6월 소련이 모스크바 외곽 원자력 발전소에서 생산한 전기를 일반에 공급하기 시작했다고 발표하여 세계를 놀라게 했다. 원자력 발전으로 생산한 전기를 민간에 공급한 최초의 국가는 핵 기술을 주도해 온 미국이 아니라 미국의 핵 기술을 추격해 온 소련이었다. 이에 비해 미국은 1957년 12월에 피츠버그 외곽에서 원자력 발전을 시작하였다.

오늘날 원자력 발전을 이용하고 있는 나라는 30개국에 불과하며, 이 중 절반이 유럽 국가들이다. 그리고 원자력 발전이 세계 에너지 소비에서 차지하는 비중도 약 4%에 불과하여 상업화된 무생물 에너지 중에서 비중이 낮은 편이다. 유럽의 원자력 의존도는 평균 8%이다. 그 중 프랑스가 31%로서 가장 높은데, 발전의 약 80%를 원자력에 의존하고 있다.

그 다음으로 인구 560만 명에 불과한 핀란드가 약 20%의 의존도를 보이고 있다. 이에 비해 미국은 7% 정도에 불과하다. 우리나라는 12%로서 상당히 높은 편이라고 하겠는데, 경제적으로 부유한 OECD 국가들이 전 세계 원자력 발전 용량의 2/3를 보유하고 있다.

　세계적인 기후 변화 대응 노력이 강화되면서, 원자력 발전에 대한 관심도 확대되고 있다. 원자력 발전은 이탄화산소를 배출하지 않으면서도 경제성을 확보하여 미래 세대에 경제적 부담을 주지 않는 지속 가능한 에너지원이라는 장점을 내세우고 있다. 이를 반영하듯 2023년 12월 두바이에서 열린 UN 기후 변화 협약 당사국회의(COP28)에서는 우리나라를 포함한 미국, 영국, 일본 등 20여 개국이 2050년까지 원자력 발전 용량을 3배 늘리기로 하였다.[12]

　또한 최근에는 소형 모듈식 원자로(SMR)라는 새로운 방식이 논의되고 있어 원자력 보급이 늘어날 가능성도 높아 보인다. 사실, 원자력 에너지는 1973년 1차 석유 위기 이후 20여 년간 석유 대체 에너지원으로 각광받았지만, 그 이후부터 최근까지 침체되어 있었다. 그런데, 기후 변화 대응 필요성이 부각되면서 원자력이 르네상스를 맞이하고 있다.

　원자력의 르네상스가 도래하고 있지만, 원자력 에너지가 지속 가능한 에너지원이 되기 위해서는 안전(safety)과 안보(security)의 우려를 해소해야 한다. 원자력 발전 역사가 70여년이 되어 가지만, 심각한 사고는 3건에 불과했다. 1979년 미국 스리마일 섬(Three Mile Island) 사고, 1986년 소련방 소속 국가 우크라이나의 체르노빌 사고, 2011년 일본 후쿠시마 사고가 바로 그것들이다. 세계 최초의 원자력 발전소 사고인 스리마일 섬 사고는 방사능 누출이 없어서 다행이었지만, 체르노빌 사고는 원자로가 폭발하였고, 후쿠시마 사고는 원자로가 쓰나미와 같은 자연 재해에 취약할 수 있다는 점을 보여 주었다.

원자력 옹호론자들은 다른 산업에서도 다양하고 수많은 안전사고가 발생한다는 점을 들고 있지만, 원자력 안전에 대한 일반인의 우려는 다른 산업 재해보다 훨씬 높은 편이다.

원자력 발전이 핵무기 확산에 기여하는 수단이 될 수 있다는 우려도 무시할 수 없다. 안보에 위협을 느끼거나 정치적으로 공격적인 성향을 가진 국가들이 핵무기 보유를 꿈꾸고 있는 것이 국제 정치의 현실이다. 이들 국가는 핵 기술 보유국으로부터 실험용 원자로, 우라늄, 기술 인력 훈련 등을 지원받으면서 핵을 평화적으로 이용하고 핵무기로 전용하지 않겠다는 핵확산금지조약(NPT)에 가입했지만, 이를 어기고 핵무기를 개발한 국가들이 다수 있다.

미국으로부터 연구용 원자로와 기술을 전수받은 파키스탄, 영국으로부터 지원받은 인도, 소련의 도움을 받은 북한 등이 여기에 해당한다. 특히 파키스탄은 북한, 이란 등에 핵무기 제조 기술을 전수하여 '핵무기 할인 마트'라는 별명을 얻기도 했다.

더욱이 핵 기술과 핵무기가 테러 집단에 들어갈 수 있다는 우려까지 제기되고 있다. 원자력의 평화적 이용이 반드시 핵무기 확산으로 연결되지 않는다는 주장도 있지만, 확고하지 않은 실정이다.[13]

중국의 군사적, 경제적 부상과 함께, 중국의 전 방위적인 원자력 역량 확대가 미·중 핵무기 경쟁으로 연결될 수 있다는 우려도 제기되고 있다. 중국은 1964년에 핵무기 개발에 성공했지만, 원자력 발전은 1991년이 되어서야 프랑스의 도움으로 시작할 수 있었다. 중국은 현재 해안가에 55기의 원자로를 건설하여 운영 중이며, 27기를 건설 중에 있고, 추가로 41기를 건설할 계획이다.[14]

그런데 중국은 국내 원자력 발전소 건설에 만족하지 않고, 발전소 건설 자금 제공을 앞세워 폴란드, 체코 등 동유럽과 영국 원자력 시장에 진출하려 하고 있다. 이에 대해 영국에서는 자국이 보유한 핵 재처리 기술을 중국이 확보할 수 있다는 우려가 의회에서 나오면서 2022년 중국의 원자력 발전 사업권이 회수되기도 했다.[15]

더욱이 중국은 2020년부터 핵무기를 확대하고 현대화하는 작업에 착수했다. 이를 두고 냉전 시절 소련과 미국이 핵무기 경쟁을 벌였듯, 미·중간에도 핵무기 경쟁이 재현될지도 모른다는 전망도 나오고 있다. 원자력 발전이 단순한 핵무기 확산뿐만 아니라 강대국간 핵 경쟁으로도 재현될 수도 있다는 것이다.

우주에서 가장 흔한 물질 수소

수소(hydrogen)는 색깔이 없고, 냄새가 나지 않으며, 맛도 없고 독성도 없는 물질이다. 액체, 기체, 고체 그리고 플라즈마 상태로 존재하는 정상 물질(normal matter)의 75%가 수소로 이뤄져 있어 지구, 더 나아가 우주에서 가장 흔한 물질이다. 수소는 매우 쉽게 연소되고 연소할 때에는 산소와 결합하여 수증기나 물을 만들어 낼 뿐 다른 공해 물질이나 기후 변화 유발 물질을 만들어 내지도 않는다. 친환경적이고 거기에다 고갈될 가능성도 없어 수소는 에너지 공급과 기후 변화에 대응할 수 있는 가장 이상적인 물질로 여겨지고 있다.

수소는 18세기 후반부터 그 존재가 알려졌지만, 수소를 에너지원으로 활용하려고 나선 국가는 미국이다. 미국은 1970년대부터 국내 석유 생산이 줄어들고 해외 석유 수입이 증가하면서 에너지 안보에 대한 불안감은 일상화되었다.

2001년 2월 출범한 조지 부시 행정부는 미국의 에너지 안보 위기를 심각하게 받아들이고는 3월 '국가 에너지 정책 추진단

(National Energy Policy Group)'을 출범시켰다. 딕 체니 부통령이 주도한 이 추진단은 5월 '국가 에너지 정책(National Energy Policy)'을 발표했는데, 수소는 일부 상업화가 되었지만 경제성이 떨어지기 때문에 장기 연구 개발 분야로 결정하였다.[16] 이를 바탕으로 부시행정부는 2003년 수소 기술 개발에 12억 달러를 투입하기로 약속했고 2006년부터 연방 정부 예산에 연구 개발비가 책정되었다.

이를 계기로 수소는 최적의 미래 에너지로 부상하였고, 석유를 대체하여 에너지 혁명을 일으킬 수 있는 에너지원으로 인식되었다. 그리고, 수소에 의한 혁명적 변화는 세계를 '석유 경제'에서 '수소 경제(hydrogen economy)'[17] 시대로 진입시킬 것으로 예상되었다.

수소는 이 세상에서 가장 흔한 만큼 그 용도는 무궁무진하다.

2022년 기준으로 전 세계 수소 소비는 약 9,500만 톤에 이르는데, 이 중 95%가 산업용으로 쓰인다. 산업용 수소 소비에서 가장 대표적인 분야가 정유 및 화학 공장이다. 수소는 휘발유와 같은 값비싼 석유 제품을 생산하기 위해 정유공정에 첨가되고, 비료 원료인 암모니아를 만드는 원료로 사용된다.

이외에 메탄올 제조와 금속 가공 등에도 사용된다. 이런 전통적인 수소 소비 외에 기후 변화 방지에 기여하는 새로운 응용 분야도 개발되고 있다. 가장 대표적인 분야가 육상 수송 연료이다. 수소는 연료 전지의 형태로 승용차 연료로 이용되고 있고, 버스와 트럭에도 시험적으로 사용되고 있다.

또한, 이들보다 훨씬 무거운 항공기와 선박의 연료로 사용되는 방안도 연구되고 있어 잠재성은 높은 것으로 평가되고 있다. 2022년 수송 분야 수소 소비가 2021년보다 45% 증가하였지만, 소비량은 아직까지 3만5천 톤에도 못 미치고 있다.[18]

수소를 생산하는 방법은 아주 다양하여 30여 가지에 이르는데, 환경론자들은 수소 생산 과정에서 발생하는 이산화탄소 양에 따라 생산 방식을 색깔과 연관 짓고 있다. 수소 생산 방식 중 가장 큰 비중을 차지하는 방법은 천연가스를 고온의 증기로 분해하는 기술이다. 이렇게 생산된 수소를 회색(grey) 수소라고 하는데 전 세계 수소 생산의 62%를 차지하고 있다.

두 번째로 큰 비중을 차지하는 방법은 석탄을 분해하는 방식이다. 흑색(black) 수소라고 불리는 이 방식은 전체 생산의 21%에 이른다. 그리고 정유 공장과 석유 화학 공장에서 석유 제품과 화학 제품을 만드는 과정에서 부산물(by-product)로도 만들어지는데, 이런 부생수소가 16%에 이른다. 이들 세 가지 방식이 전체 수소 생산의 99%를 차지하고 있다.

그런데, 이들 방식은 수소 생산 과정에서 이산화탄소 배출을 통제하지 못하여 친환경적이라고 할 수 없다.

이산화탄소를 배출하지 않는 친환경 생산 기술도 있다. 가장 대표적인 방식이 태양광 발전이나 풍력 발전으로 생산된 전기로 물을 분해하여 수소를 생산하는 방식이다. '녹색(green)' 수소라고 불리는 이 방식은 전력계통망에 연결되지 못하여 버려지는 풍력과 태양광 전기를 적극 활용할 수 있는 장점이 있다.

유감스럽게도 이 방법으로 생산된 수소는 전 세계 수소 생산의 0.1% 정도에 불과하다. 그리고 원자력 발전으로 생산된 전기를 이용하여 수소를 생산하는 방법도 있는데, 이를 분홍(pink) 수소라고 한다. 국제에너지기구(IEA)는 이렇게 생산된 수소를 '저탄소 배출 수소(low emission hydrogen)'로 지정하고 친환경적인 것으로 평가하고 있다.

석유, 석탄, 천연가스 등에서 수소를 뽑아내더라도 이산화탄소를 처리할 수 있다면 친환경 수소로 간주되고 있다. 이를 가능하게 하는 기술이 '탄소 포집 및 활용(Carbon Capture, Utilization and Storage, CCUS)' 기술이다. CCUS는 수소 생산에서 발생한 이산화탄소를 생산이 종료된 유전이나 가스전에 주입하여 지하 지층에 영구히 매립하는 방법이다. 원래 이 기술은 유전이나 천연가스전의 생산량을 늘리려는 기술이었다.

유전과 가스전은 생산이 진행되면 지하 압력이 떨어져 생산이 줄어들기 마련인데, 생산을 유지하기 위해 통상 천연가스나 물을 유전에 주입한다. CCUS는 바로 이 기술을 응용한 것이다. 1990년대 유럽에서 탄소세 도입이 논의될 무렵, 노르웨이 국영석유회사 에퀴노르(Equinor)는 생산이 끝난 북해 슬라이프너(Sleipner) 가스전에 이산화탄소를 주입하는 프로젝트를 1996년부터 시작하여 그

가능성을 보여줬다.

이런 연유로 CCUS는 미국과 영국 등 선진 산유국들이 관심을 갖고 있는 기술이다. 이렇게 이산화탄소가 처리된 수소를 청색(blue) 수소라고 부른다.

수소는 화석 연료처럼 지하에 대량으로 묻혀 있는 매장지가 없다는 점이 가장 큰 약점이다. 그런데, 2023년 프랑스에서 천연 수소를 발견하는 데 성공하여, 지구 온난화를 해결할 수 있는 '성배'라고 성급히 열광하고 있다.

프랑스 연구진은 독일 국경과 인접한 탄광 지대인 로렌(Lorraine) 지역에서 석탄층보다 더 깊은 지하에서 천연 수소를 발견하였다. 사실 천연 수소는 근대 탄광에서는 폭발 사고를 일으키는 저주의 대상이었지만 이제는 여러 국가에서 이를 찾으려 하고 있다. 미국, 호주, 러시아와 아프리카 말리 등에서 실험적인 탐사가 이뤄지고 있지만, 아직까지 천연 수소가 어떻게 형성되었고, 어떤 지역에 매장되어 있는지, 그리고 매장 규모는 얼마인지에 대한 지질적인 연구는 많지 않다.[19]

천연 수소는 '백색(white)' 수소로 일컬어지는데, 색깔에서도 짐작되듯이 가장 깨끗한 수소라고 하겠다.

수소의 가능성이 미국을 중심으로 본격 논의된 지 20여 년이 지났지만, 친환경 대체 에너지원으로서의 수소는 아직까지 초기 단계에 머무르고 있다. 이의 가장 큰 이유는 수소 생산 비용이다.

수소 생산 시설과 여기에 소비되는 전기가 다른 에너지 생산 비용보다 훨씬 높다. 또한, 생산된 수소를 수송하고 국제적으로 교역하는 것도 또 다른 장애 요인이다.

수소는 아직까지 대량으로 생산되지 않기에 파이프라인과 같은 대량 수송 방식으로 수송하기에는 비용이 너무 많이 든다. 네덜란드, 벨기에 등 북서 유럽 국가들이 실험적으로 현존 파이프라인을 이용하여 수소를 수송하기도 하고, 암모니아를 수송하는 선박을 이용하여 해상으로 수송해 보기도 하지만 아직까지는 그 가능성을 알아보는 실험 단계에 있다. 또한 자동차용 수소의 경우, 충전소가 많지 않은 점도 수소를 활성화시키는 데 장애 요인이 되고 있다.[20]

전 세계 45개국이 수소 에너지를 진흥하기 위한 각종 정책과 전략을 갖고 있다. 이들 국가는 수소 생산과 수송을 위한 연구 개발에 자금을 지원하고, 세금 혜택을 부여하며, 관련 노하우를 공유하고, 각종 수소 시설을 표준화하고 규제를 정비하고 있다. 이들 정책 지원 중 가장 강력한 정책은 미국 바이든 행정부가 2022년부터 시행하고 있는 '인플레 감축법(IRA)'이다.

IRA는 다른 신재생 에너지에 대한 지원 정책도 포함되어 있지만, 수소의 경우 그린 수소 1킬로그램 생산에 1.5달러의 세금 공제를 부여하고 있다. 미국의 그린 수소 생산비가 가장 낮은 경우가 2.9달러인 점을 감안하면, 생산비의 절반을 보조금으로 제공하고 있는 것이다. 이 정도 보조금이 주어져야 셰일 혁명으로 가격이 싸진 천연가스를 기반으로 하는 그레이 수소와 경쟁할 수 있을 것으로 전망되고 있다.[21]

사실, 많은 국가들이 수소 에너지 지원 계획과 전략을 발표하고 있지만, 정부 예산을 투입하는 등 구체적인 실행으로 옮기고 있는 국가는 많지 않은 것으로 알려지고 있다.

미래 에너지와 생존

　미래 에너지에는 수많은 종류들이 있지만, 지구 온난화와 관련하여 현재 국제적으로 관심을 받고 있는 에너지원은 풍력, 태양광, 원자력, 수소 정도를 들 수 있다. 그런데, 향후 수십 년간 에너지 소비는 쉽게 줄어들지 않을 것으로 예상되는데, 이들 친환경 미래 에너지원들이 이산화탄소 배출을 이유로 퇴출될 위기에 처한 기존 에너지원을 충당할 수 있을지가 관심사이다. 사실, 에너지 소비는 경제 활동과도 긴밀한 관련이 있지만, 인구 증가가 더 큰 영향력을 갖고 있다.

　경제 성장은 불확실성이 있어 이에 근거하여 에너지 소비를 전망하는 것은 쉽지 않은 반면, 인구 증가는 경제 성장보다 불확실성이 적기 때문에 영향력이 더 분명하다. 세계 인구는 2022년 기준 80억 명이지만, 장기적으로는 줄어들 가능성은 없다. UN개발계획(UNDP)은 2030년에 85억 명, 2050년에 97억 명이 될 것으로 전망하고 있다. 우리나라와 일본을 포함하는 선진국들은 인구 성장이 정체되거나 줄어들 가능성이 있지만, 전 세계 인구는 그렇지 않다. 에너지 소비는 꾸준한 인구 증가에다 경제 성장이 더해지면서 당분간 줄어들 가능성은 낮아 보인다.

에너지 소비가 장기적으로 증가할 가능성이 높지만 화석 연료는 종식을 추구하고 있다. 화석 연료 종말의 출발점은 석탄에서 찾을 수 있다. 중세 이후 산업혁명을 거치면서 석탄은 지구 온난화 물질을 가장 많이 배출한 에너지원으로 지목되면서 2021년 UN 기후 변화 협약(UNFCC) 당사국 회의(COP)에서 퇴출이 결정되었다.

사실, 프랑스, 영국 등 주요 유럽 국가들은 환경에 대한 부정적 영향 외에 생산 비용의 증가와 인력난으로 그 이전에 벌써 국내 석탄 생산을 중단하였다. 그리고 석탄을 가장 많이 사용하는 중국과 인도도 석탄 발전 감축에 나서고 있어 석탄의 종말은 이제 시작되었다고 하겠다. 석탄 소비가 가장 많이 줄어들 분야는 발전이다. 이의 영향으로 전 세계 석탄 소비는 2030년까지 지금보다 20%, 2040년에는 절반으로 줄어들 것으로 IEA는 보고 있다.

이렇게 줄어든 석탄 발전은 신재생 발전으로 대체될 것으로 예상하고 있다. 하지만, 제철, 시멘트 제조 등 산업 부문에서는 아직까지 석탄을 대체할 수 있는 마땅한 에너지원을 확보하기가 쉽지 않아 석탄 사용은 크게 줄지 않을 것이다.

석탄의 퇴출 가능성과는 달리, 제2차 세계대전 이후 세계 경제의 주력 에너지원 역할을 해 온 석유 소비는 쉽게 줄지 않을 것으로 보인다. 낙관론자들은 미국에서 자동차가 말을 대체하는 데

30년밖에 걸리지 않았던 점을 들면서, 자동차 연료를 석유에서 다른 에너지원으로 대체하면 석유를 단기간에 퇴출시킬 수 있을 것으로 보고 있다.[22]

2020년 코로나 사태와 2022년 러시아의 우크라이나 침공으로 석유 소비가 잠시 줄기도 했지만, 2023년 6월에 코로나 이전 수준으로 회복되었고, 2030년까지는 수요가 줄어들지 않을 것으로 전망된다. 전기 자동차의 보급이 늘어나면서 2030년 이후에는 석유 수요가 다소 줄어들겠지만 급격히 줄어들 가능성은 없어 보인다.

선진국 등에서 전기 자동차가 증가하여 석유 소비를 줄이는 효과를 기대할 수 있지만, 인도, 아프리카의 저소득 개도국은 비싼 전기 자동차를 구입할 여력이 없을 뿐만 아니라 전기 공급을 위한 기반 시설도 부족한 현실이다. 그리고 트럭·항공기·선박과 같은 대형 수송 수단은 아직까지 전적으로 석유에 의존하고 있어 전기로의 전환은 기술적으로 쉽지 않은 상황이다.

이에 더해 플라스틱 등 석유 화학 제품은 인구 증가와 함께 기존 소재들을 대체하면서 오히려 소비가 늘어날 것이며, 이는 석유 수요 감소를 저지하는 역할을 할 것이다. 석유는 석탄처럼 쉽게 퇴출되기 어려울 것으로 보인다.

천연가스도 석유와 유사한 추세를 보일 것이다. 천연가스 역시 코로나와 러시아의 우크라이나 침공으로 소비 증가가 일시적으로 주춤했지만, 2030년까지는 계속 증가할 것으로 예상된다.

IEA는 2030년에 정점을 지나면 2050년까지 소비가 줄어들 것으로 예상되지만, 지금 수준의 소비는 유지할 것으로 보고 있다.

석유와 마찬가지로 천연가스도 산업용으로 사용되는데, 산업용 천연가스가 소비 증가를 유도할 것이다. 또한 친환경 에너지 수요가 늘어나면, 회색 수소 생산을 위한 천연가스 수요도 늘어날 것이다. 더욱이 풍력 발전이나 태양광 발전이 기상 조건 악화로 발전이 불가능해지면, 가장 쉽게 구원투수로 투입할 수 있는 수단이 천연가스 발전이다.

향후 에너지 소비는 현재 전개되고 있는 국제적인 기후 변화 억제 노력으로부터 영향을 받을 것이지만, 중장기적으로 쉽게 줄어들지 않을 것으로 보인다. IEA는 2021년 UNFCC 참여국이 제출한 이산화탄소 감축 계획(NDC)의 이행 여부에 따라 세계 에너지 소비 전망을 두 가지로 제시하고 있다.

모든 국가들이 NDC를 제대로 이행할 경우, 전 세계 에너지 총소비는 2020년대 중반부터 점진적으로 줄어들 것으로 예상한 반면, NDC가 제대로 이행되지 않을 경우 2030년까지 매년 1.1% 소비가 증가하고 그 이후 2050년까지 소비 증가가 정체될 것으로 보고 있다. 이 두 가지 전망 중 후자가 더 설득력이 있다. 2023년에 개최된 COP는 기후 변화 노력이 전반적으로 제대로 이행되지 않고 있음을 인정하였고, 특히 지구 온난화 1.5도 상승 제한을 2030년까지 달성하기 위해서는 이산화탄소 배출을 43% 감축해야 하는 것으로 보았다. 그리고, 이 목표를 2100년에 달성하려면 2050년부터 온난화 가스 배출을 전면 중단해야 하는데, 이는 지금부터 에너지 소비를 최소한 매년 1% 이상 줄여 나가야 된다는 것을 의미한다. 미래 에너지 소비는 줄어드는 것이 아니라 최소한으로 상승할 것이며 현재 사용하고 있는 에너지원 외에 신재생 에너지들이 공존하며 소비될 것이라는 전망이 더 현실적이다.

'에너지 전환(energy transition)'에서 가장 주목을 받고있는 에너지는 단연코 전기이다. 인구 증가와 경제 성장 외에 생활 방식이 전기로 전환될 것이다. 현재 논의되고 있는 태양광, 풍력 등 저탄소 배출 에너지원들은 거의 모두 전기 생산을 목적으로 하고 있다. 미래 에너지로서의 전기는 2050년까지 수요가 현재보다 80% 증가할 것으로 예상된다.

전기 자동차, 인터넷, 스마트 폰, AI 등 전기에 기반한 각종 생활 용품과 생활 방식의 보급이 필연적으로 늘어날 뿐만 아니라, 난방이 천연가스에서 전기로 전환되고, 냉방도 늘어나면서 전기 수요는 지속적으로 크게 늘어날 것이다.

저탄소 배출 에너지를 지향하고 있는 오늘날의 에너지 전환 논의는 아직까지 초기 단계에 불과하여 성공 여부를 판단하기에는 너무 이르다. 기후 변화 조약 당사국(COP)들이 NDC를 국제 사회에 제시한 지도 얼마 되지 않았고, 이 계획을 2023년에 처음 점검해봤다. 그리고 저탄소 배출 에너지원으로 각광받고 있는 태양광,

풍력 등 신재생 에너지원도 전체 에너지 판도에서 차지하는 비중이 얼마 되지 않는 편이다.

또한, 이제까지 언급한 풍력, 태양광, 원자력, 수소 등이 많은 관심을 끌고 있지만 현재로서는 미래 에너지원의 후보군이라고 할 수 있고, 이외에도 개발에 심혈을 기울이고 있는 초기 단계의 에너지 기술들이 많이 있다.[23] 그래서 어떤 에너지원이 미래 에너지로 확립될지는 아직까지 불분명한 상태이다.

에너지 전환은 단순히 다른 에너지를 사용하는 것으로 그치지 않을 것이다. 앞에서 살펴보았듯이, 에너지를 전환하게 되면 생활 방식은 물론이거니와 사회 양상, 경제구조, 심지어 전쟁 방법도 바뀔 수 있다. 이런 점들만 고려해도 에너지 전환은 단순히 새로운 상품을 구매하여 소비하는 것과는 차원이 다르다.

에너지 전환은 간단한 전환이 아니라, 우리의 일상과 사회 생활, 국가안보에 큰 변혁(transformation)을 갖고 올 수 있는 것이다. 이제까지의 에너지 역사가 이를 증명해주고 있어 논란의 여지는 없다. 그리고, 이 대변혁에 성공적으로 대처하는 국가와 그렇지 못 한 국가의 운명은 석탄 시대와 석유 시대에 극명하게 달랐다.

성공적인 대변혁을 위해 어떤 에너지를 선택해야 할 것인지에 대해서는 이제까지 에너지에 기울였던 관심과 노력 이상의 것들이 요구될 것이며, 에너지 전환을 쉽고 안일하게 생각하는 분위기를 경계해야 할 것이다.

1) Daniel Parry, *NRL Celebrates 60 Years in Space with Vanguard*, U. S. Naval Research Laboratory, Press Release and News, Mar. 18, 2018, https://www.nrl.navy.mil/Media/News/

2) International Energy Agency(2022), *Special Report on Solar PV Supply Chain*, pp. 57-58. https://www.iea.org/reports/solar-pv-global-supply-chains

3) Vaclav Smil(2009), 앞의 책, pp. 203-204.

4) U. S. Energy Information Agency(2023), *Solar explained: Photovoltaics and electricity*, https://www.eia.gov/energyexplained/solar/photovoltaics-and-electricity.php

5) Richard Rhodes(2018), 앞의 책, pp. 326-328.

6) Vaclav Smil(2017), 앞의 책, pp. 286-287.

7) Vaclave Smil(2009), 앞의 책, pp. 201.

8) U. S. Energy Information Agency(2023), *Wind explained: Where wind power is harnessed*, https://www.eia.gov/energyexplained/wind/where-wind-power-is-harnessed.php

9) Financial Times, The dreaded 'dunkelflaute' is no reason to slow UK's energy push, Dec. 13, 2022.

10) Richard Rhodes(2018), 앞의 책, p. 272.

11) Enrico Fermi et al.(1944), *Prospectus on Nucleonics*, Chicago Metallurgical Laboratory, pp. 56-59. https://atomicinsights.com/wp-content/uploads/Prospectus-on-Nucleonics.pdf

12) World Nuclear Association(2024), *World Nuclear Power Reactors & Uranium Requirements*, https://world-nuclear.org/information-library/facts-and-figures/world- nuclear-power- reactors- and-uranium-requireme.aspx

13) Matthew Fuhrmann(2009), Spreading Temptation: proliferation and peaceful nuclear cooperation agreement, *International Security*, Vol. 34, No. 1, pp. 7-41.

14) World Nuclear Association(2024), *Nuclear Power in China*, https://world-nuclear.org/information-library/country-profiles/countries-a-f/china-nuclear-power.aspx

15) Steve Thomas(2017), China's nuclear export drive: Trojan horse or Marshall Plan?, *Energy Policy*, Vol. 102, pp. 683-691 및 New York Times, U. K. Backs Giant Nuclear Plant, Squeezing Out China, Nov. 29, 2022.

16) National Energy Policy Development Group(2001), *National Energy Policy*, pp. 6-11, https://lwrs.inl.gov/References/National-Energy-Policy_2001.pdf

17) 제러미 리프킨 저, 이진수 옮김(2002), 수소혁명-석유시대의 종말과 세계경제의 미래, pp. 231-280.

18) International Energy Agency(2023), *Global Hydrogen Review 2023*, pp. 20-33, https://iea. blob.core.windows.net/assets/ecdfc3bb-d212-4a4c-9ff7-6ce5b1e19cef/GlobalHydrogenReview2023.pdf

19) New York Times, It Could Be a Vast Source of Clean Energy, Buried Deep Underground, Dec. 4, 2023.

20) 우리나라의 주유소 수는 현재 1만 여곳을 넘는다.

21) International Energy Agency(2023), *Global Hydrogen Review 2023*, pp. 153-155.

22) Reda Cherif, Fuad Hasanov and Aditya Pande(2017), *Riding the Energy Transition: Oil beyond 2040*, IMF Working Paper, WP/17/120.

23) 우리나라에서 신재생에너지 보급을 촉진하는 역할을 담당하고 있는 공공기관 한국에너지공단은 신재생에너지로 12가지를 소개하고 있다. 태양광, 풍력, 수소 외에 태양열, 지열, 수력, 수열, 해양, 수소, 연료전지, 바이오, 폐기물, 석탄가스가 그것들이다. 그런데, 이 모든 것들이 저탄소, 친환경이라고 할 수는 없으며, 이외에도 수많은 신재생에너지 기술들이 존재하고 있다. https://www.knrec.or.kr/biz/korea/intro/kor_solar.do